KB008209

박종희가 들려주는

# 가평/포천 힐링여행

# 책머리에 /

수원 생활을 청산하고 30년 만에 돌아본 제 고향 포천의 물골은 놀라움 그 자체였습니다. 어머니가 유년시절을 보내신 가평의 산하는 가슴 깊숙한 울림을 줍니다.

이 책은 저 혼자 보고 간직하기에는 참 아까운 생각이 들어 끄적거린 글을 작가의 도움을 받아 다시 다듬어 기획한 것입니다. 한반도 정중앙, 사람으로 말하면 배꼽인 가평과 포천을 묶어 수도권에서는 하루 여행으로, 지방에서는 하루 이틀 숙박하면서 즐길 수 있는 유명하거나 혹은 잘 알려지지 않은 곳을 제 나름대로 선정해 소개합니다.

저를 다시 품에 안아준 가평·포천의 따스함과 청량한 공기는 객지 생활에 지쳤던 저에게 큰 힘이 됩니다. 저의 새로운 길을 환희와 열정으로 열어주었습니다. 오성과 한음의 고장 포천은 한탄강, 산정호수, 백운계곡, 명성산, 광릉수목원 등 천혜의 자연을 자랑합니다. 북한강을 품에 안고 운악산, 화악산 등 명산이 즐비한 잣 고을 가평은 반딧불이 마을 등 청정계곡이 즐비합니다.

이 책에 모든 것을 다 담을 수 없었던 것은 준비할 시간이 매우 짧았고 저의 글재주가 보잘것없었기 때문입니다. 첫 번째 귀향 보고 같은 이 책은 계속 진화할 것입니다. 대한민국 그 어느 지역과 비교해도 부족하지 않은 제 고향의 보석을 계속 발굴해 여러분을 초대하겠습니다.

멀리서도 눈에 띄는 높은 산과 거칠고 깊은 강을 가지고 있는 가평·포천엔 잔잔한 호수와 조용한 드라이브 길이 많습니다. 천혜의 자연환경을 닮은 사람들과 그들의 삶의 모습, 그리고 그 역사를 기록한 박물관도 있고 어린이들에게 꿈과 사랑을 일깨워줄 체험장도 많습니다. 연인과 팔짱을 끼고 돌아볼 수 있는 고즈넉한 산사, 성지순례길, 가족과 함께 즐길 수 있는 축제, 청정자연에서 채취한 재료로 만든 맛집들도 즐비합니다.

이 책을 통해 포천·가평 속 대자연의 매력을 흘낏 보시기만 하셔도 저로서는 큰 기쁨이겠습니다.

서울서 구리~포천 고속도로, 혹은 43번·47번 국도를 타면 서울에서 한 시간 반이면 포천·가평의 오지까지 갈 수 있는 가까운 거리에서 전원의 풍취를 맘껏 즐길 수 있을 것입니다.

화악산이나 운악산은 설악산 못지않고, 명지계곡·백운계곡·지장산계곡은 강원도 깊은 골짜기 못지않은 청정자연을 간직하고 있습니다. 한탄강 지질공원에서 트레킹을 하고, 하늘다리를 건너며 근처 맛집에서 식사하며 근사한 하루를 보낼 수 있습니다.

북한강과 남이섬을 바라보는 가평에서 수상놀이를 즐기고 느긋하게 카페거리에서 한적한 식사나 차 한 잔을 나눌 수 있습니다. 순박한 인심과 달콤한 공기를 즐기며 곳곳에 배어있는 삶의 이야기도 정감 있고, 돌아가시는 길에 싱싱한 농산물과 질 좋은 과일을 싸게 구입할 수 있는 것은 덤입니다.

포천은 북위 38도선 이북지역이 많아 로드리게스 사격장(여의도의 13배 면적) 등 대한민국 안보 첨병의 임무를 힘겹게 수행하고 있습니다. 수도권 젖줄인 가평의 북한강변은 많은 지역이 상수원 보호구역으로 묶여 있어 개발이 제한됩니다. 그런 만큼 지역민들의 아픔과 열악한 재정은 참으로 심각합니다. 여행 중에 이 지역의 아픔에 공감해주시면 더없이 고맙겠습니다.

저는 이 책에 포천·가평에서 살아가는 제 자신의 이야기를 담았습니다. 포천·가평을 둘러보는 분들에게 도움이 되는 여러 가지 정보를 제공하는 것 이외에 각 장소가 가진 이야기도 들려주고 싶었습니다. 포천·가평에 들르기 전에, 아니면 포천·가평의 각 명소에 다녀온 다음에 이 책에 있는 이야기를 읽어보셔도 좋습니다. 저의 오래되고 촌스러운 감성과 독자분들의 세련된 감성 사이에도 작은 공통점이 있기를 바랍니다. 그리고 언젠가 다 같이 포천·가평의 매력을 나눌 수 있는 기회가 있었으면 좋겠습니다.

이 책은 테마별·장소별로 다양한 관광지를 소개했습니다. 너무 소개할 곳이 많아 빠진 곳도 수두룩합니다. 다 소개하자니 수박 겉핥기가 되고 가이드북 형식이 되는 것 같아 서운함을 무릅쓰고 많이 추렸습니다.

명지산·연인산에서, 서운동산에서, 한탄강 비둘기낭폭포나 이동 도마치 계곡에서, 단풍이 붉게 물든 산과 파란 하늘이 잘 어울리는 그런 가을날, 작은 배낭을 하나 메고 독자분들을 뵙고 싶습니다.

2019년 어느 가을날 포천 호병골 자락에서

박종희

# 차례 /

15장

|

## 맛집

# 1장

# 산

^^

# 산에서 찾은 평화

## : 왕방산

'산에 가야겠다' 생각이 드는 날이 있다. 특히 오늘처럼 마음이 복잡한 날. 만사가 다 귀찮다. 이럴 땐 신발장에 가지런히 놓아둔 등산화를 꺼내 신발 끈을 꽉 조여 맨다. 무거운 생각과 마음은 배낭 속에 접어두고 집을 나섰다.

신읍동엔 포천의 주산이라 할 수 있는 왕방산이 있다. 737m의 높은 산이지만 주거지역 근처에 있어 포천 시민들이 많이 찾는 곳이다. 반려견과도 함께 걷기 좋은 곳. 오늘은 한국아파트 뒤 왕방산 등산로 공영주차장에 차를 대고, 거기서부터 산행을 시작했다.

왕방산 공영주차장에서 오르는 길은 완만한 편이다. 거친 돌길 없는 흙길, 풀길이 계속된다. 높게 자란 수목 사이로 언뜻 비치는 햇빛을 벗 삼아 고요히 걷기에 좋다. 등산로를 따라 바람이 휙 하고 지나갈 때마다, 그 바람에 나뭇잎이 쓸려 파도 소리를 낼 때마다 마음을 짓누르던 생각이 가볍게 날아간다. 나뭇잎을 통과해 땅에 뿌려지는 동글동글한 햇빛을 볼 때마다 날카로워졌던 마음이 몽글몽글하게 모인다. 평탄한 산길을 걸으며 어느 정도 마음이 진정될 때쯤, 그때 왕방산은 다시 나를 긴장하게

만들었다. 오르막길이 시작됐다.

숨을 헐떡대며 가파른 길을 오르자 드디어 걷기 좋은 능선길이 나타났다. 양옆으로는 왕방산의 산세와 포천의 하늘이 보였다. 지난밤, 나를 힘겹게 했던 생각은 한 시간이 넘게 흘린 땀에 말끔하게 씻겨 나갔다. 한결 가벼운 발걸음으로 정상을 향해 걷는다.

왕방산이란 지명은 왕이 방문한 산이라는 데서 시작됐다. 신라의 헌강왕과 조선의 태조. 이곳은 두 왕의 발길이 머문 산이다. 신라시대 때 도선국사라는 승려가 있었는데 그는 국내 곳곳에 사찰을 지었다. 이곳 왕방산에도 사찰을 하나 지었는데, 헌강왕이 이곳에 직접 찾아와 그를 격려했다고 한다. 왕의 격려를 받은 사찰, 그리고 그 사찰이 머무는 산. 바로 이곳 왕산사와 왕방산이다. 조선시대 때 태조는 아들들이 왕위를 두고 싸우는 통에 마음이 영 심란했다. 이에 함흥에 잠시 머무르며 마음을 다스렸다. 다시 한양으로 돌아가려던 찰나, 왕자의 난이 일어나고 만다. 이때 무학대사가 태조의 안위를 배려하여 잠시 왕방산 자락의 사찰에 머물도록 했는데, 이 사찰이 헌강왕이 찾았던 그 사찰이다. 조선조 왕족의 사냥터이자 군대를 조련하던 호병골이 왕방산 바로 밑에 있다.

내가 어렸을 때 일 년에 한두 번 할머니와 어머니를 따라 10리 길 밖의 외딴 절에 갔었다. 쌀 한두 말 지는 것이 내 임무였다. 일동레이크CC 부근 원통사라는 절인데 그 절의 주지스님은 내가 도지사 한자리 하고 말년운이 무척 좋다고 예언을 하셨다. 수원에 있을 때 포교당에서 불교 교리공부도 석 달간 하고 수계도 받았었다. 그런 불교와의 인연 때문에 왕방산 왕산사를 가끔 찾는다.

왕산사는 예전엔 산의 이름을 따 '왕방사'라고 칭했었다. 1947년에 왕방사터에 '보덕사'라는 이름으로 절이 복원되었고 2001년에 '왕산사'라 새겨진 기와가 출토되면서 비로소 제 이름을 찾았다. 이 절의 대웅전 바로 밑에서는 시원한 약수가 나온다.

이 절 주지인 왕산스님은 20년째 이 절을 지키고 있는데 서글서글하고 인심이 아주 좋아 동네주민들과 친하게 지내고 점심에는 보리밥도 내놓는다.  왕이 머문 산, 그리고 사찰. 옛이야기를 떠올려보며 산행을 마무리했다.  손도, 머리카락도, 옷도 모두 땀에 젖었다. 하지만 날려 보낸 땀만큼 몸이 한결 가벼워졌다. 내가 산을 좋아하는 이유, 바로 이런 기분 때문이다.

^^

# 역사를 음미하며 산길을 걷는다

## : 청성산 둘레길

포천시 신읍동은 양쪽으로 두 개의 산에 둘러싸여 있다. 서쪽으로 선 포천의 주산, 왕방산 그리고 남동쪽으로 자리 잡은 청성산. 3~4시간 정도 마음을 먹고 등산을 해야겠다 싶을 땐 왕방산으로, 천천히 1~2시간 산길을 걷고 싶다 할 땐 청성산으로 간다.

청성산은 포천시 군내면 구읍리와 하성북리 경계에 위치한 285m 높이의 산이다. 산 근처엔 포천천과 구읍천이 흐른다. 반월성을 머리띠처럼 두르고 있고, 산기슭엔 향교를 안고 있는 포천의 진산.

청성산 둘레길은 걷기에 좋다. 산책길은 포슬포슬한 흙길로 조성되어 있고, 곳곳에 이정표가 마련되어 있어서 길을 찾기에도 쉽다. 이 둘레길은 청성역사공원에서 시작해서 낮은 고도에서 산을 한 바퀴 도는 코스다. 급경사도 없고 위험하거나 으슥한 길도 없다. 편하게 산책하기에 딱 알맞다.

산의 낮은 위치에 둘레길을 만들다 보니 길에는 습기가 좀 있다. 그러다 보니 숲 곳곳에 이끼가 앉았다. 수목원이나 식물원에 있는 이끼에 뒤지지 않는다. 수목의 뿌리, 그늘에 자리 잡은 돌은 어김없이 이끼를 뒤집

어쓰고 있다. 인위적으로 만든 '이끼원'이 아니라 숲이 만든 그늘과 땅에서 올라온 차가운 기운, 숲 틈에서 조금씩 비치는 햇빛이 어우러져 만든 자연 상태의 이끼원이다. 청성산 둘레길을 걸을 땐 파란 이끼를 보는 재미가 쏠쏠하다.

둘레길을 3분의 2정도 걸으면 반월성지로 올라갈 수 있는 길이 나온다. 청성산을 좋아하게 된 데는 반월성지의 역할이 컸다. 반월성은 청성산 정상을 빙 둘러쌓은 성이다. 둘레는 1,080m, 면적은 116,305㎡다. 사적 제403호로 지정된 곳으로, 성의 모양이 마치 반달과 같아서 반월성이라 불렀다. 지금은 옛 성벽의 3분의 2정도만 복원되어 있으나 포천 지역을 수호했던 산성의 과거를 되살려보기엔 충분하다.

성지 안으로 들어서면 하얀 화강암 성벽과 푸른 잔디가 눈에 들어온다. 절벽처럼 깎아지른 듯 서 있는 성벽. 그 위를 한 걸음, 한 걸음 걷다 보면 포천을 지켰을 삼국시대, 조선 중기 군사들의 모습이 떠오른다. 가

끔 둘레길을 거치지 않고 반월성까지 바로 가고 싶을 때가 있는데 그럴 때는 군내면사무소까지 차를 타고 간 다음, 면사무소에서 바로 오르기도 한다. 가파른 길을 20분 정도 오르면 도착할 수 있다.

청성산 둘레길은 출발지인 청성역사공원으로 회기하면서 마무리된다. 둘레길을 한 바퀴 도는데 빠르게 걸으면 1시간 반 정도 걸린다. 청성역사공원엔 6·25 전쟁 참전용사들을 위로하기 위한 충혼탑과 월남참전용사비가 있다. 충혼탑이 있는 광장에 오르면 역사공원의 전경을 바라볼 수 있다. 청성산 근처엔 KLPGA 대회가 열렸던 포천힐스골프장이 있어 숨겨진 맛집도 많다. '포천 뚝배기', '호박꽃', '버섯 육개장', '청호매운탕', '용덕산장', '고갯마루' 등 하산 후 가게 될 맛집을 떠올리며 천천히 걸어 내려갔다.

청성산 둘레길을 걷다 보면 삼국시대와 조선시대, 근현대 시절을 상상하게 된다. 반월성과 향교, 충혼탑을 눈에 담으며 산책하다 보니 자연스레 과거와 현재의 모습을 동시에 생각하게 된다. 내려오는 길엔 포천향교에도 들르면 좋다. 이곳에서 차로 10여 분거리에는 천연기념물 제460호인 '포천 직두리 부부송'이 있다. 수령 3백 년 전후의 소나무가 두 그루가 마치 껴안고 있는 형상으로, 금슬 좋은 부부처럼 어우러져 자라는데 이곳에서 소원을 빌면 이뤄진다는 속설이 있다.

마음이 심란하고 1시간 반 정도 산책을 하고 싶을 때, 나는 청성산으로 간다.

## 암반절벽과 계곡으로 이뤄진 경기도의 금강산

### : 운악산

포천시 화현면과 가평군 하면, 상면에 걸쳐 있는 935m 높이의 높은 산. 경기오악(京畿五岳) 중 수려하기로는 으뜸이라는 운악산이다. "땀 흘리면서 바위산 한번 올라보자고? 그러지 뭐." 시원하게 제안을 수락한 고교 동창들과 함께 여름 산행을 시작했다.

운악산은 광주산맥의 여러 맥 중 한북정맥에 속한 산이다. 북쪽으로 국망봉, 청계산, 강씨봉과 이어져 있고 동쪽으로는 매봉, 명지산이 있다. 산세가 수려하고 각종 기암괴석과 계곡이 잘 어우러져 있어 경기도의 금강산이라 불린다. 만경대를 주봉으로 하고, 주봉을 중심으로 한 봉우리마다 절벽과 큼직한 바위가 우뚝하게 치솟아 있다. 포천시 화현면 운주사 입구에서 오르면 무지개폭포가 있는데, 이는 한때 궁예가 이곳으로 피신하여 흐르는 물에 상처를 씻었다는 얘기가 전해진다.

가평 쪽 운악산이 얼굴에 해당한다면 포천 쪽은 뒷모습이라고들 말한다. 가평 쪽에서 올라가는 코스가 볼거리가 많다고 한다. 포천 쪽에서는 운악산 광장과 운주사 입구에서, 가평 쪽에서는 현등사부터 등산코스가 시작된다.

운악산 하면 떠오르는 모습이 몇 가지 있다. 물이 세차게 흐르는 계곡, 등산로를 짙게 채우고 있는 푸른 녹음, 역사를 가늠하기 힘든 노송과 그 곁을 지키고 있는 기암절벽들. 봄에는 진달래와 산목련, 가을엔 단풍, 겨울엔 눈옷을 입은 산의 모습은 근처 어떤 산과 비교해도 천혜의 비경이라 할 수 있다.

이곳은 전형적인 바위산이라 등산로가 가파르다. 밧줄을 동원해서 오르는 곳이 많고 수직으로 뻗은 사다리를 오르기도 해야 한다. 운'악'산이라 산행 자체가 만만하지 않다. 평소 산행을 즐기지 않던 동창 하나는 "아, 나는 못 올라가겠다." 하며 볼멘소리를 하기도 했다. "그래도 경치 때문에 안 올라갈 수가 없네. 산 아래 풍경도 풍경이지만 바위 보는 재미가 쏠쏠하구먼."

올라가는 길에 궁예의 전설이 담긴 무지개폭포를 만났다. 시원하게 떨어지는 폭포수를 보니 온몸에 흐르던 땀이 순식간에 씻겨나가는 것 같았다. 계곡을 타고 불어오는 차가운 산바람, 냉동실 얼음처럼 차갑던

물의 기운. 그곳에서 잠깐 땀을 식히고 계속 정상으로 향했다.

친구들끼리 서로 힘을 주고받으며 드디어 정상에 섰다. 사방이 탁 트였다. 온 몸이 짜릿했다. 오르면서 들렀던 미륵바위 쪽을 바라봤다. 가평하면이 멀찍이 보인다. 북쪽으로는 원통산이, 남쪽으로는 철암재와 애기봉이 보일 듯 말 듯하다. 운악산 정상에는 정상 표지석이 두 개다. 하나는 포천시에서, 하나는 가평군에서 세운 것이다. 예산낭비라며 말이 많았다고 산 정상에서 막걸리를 파는 분이 말을 건넨다.

정상에서 친구들과 사진을 남기고 또 부지런히 움직였다. 눈썹바위, 코끼리바위, 망경대, 백년폭포 등 모든 절경을 즐기고 싶었지만 하산할 때가 되어 급한 마음으로 만경대를 거쳐 철암폭포가 있는 미륵골 쪽으로 향했다. 계곡길은 확실히 험했다. 대부분이 바위로 된 험로였다. 밧줄이나 발 디딤대 등의 보조 장비가 많이 마련되어 있었지만 며칠 전 비가 온 탓에 바위길이 조금 미끄러웠다. 하산길에 있는 운악사 뒤편으로는 가파른 절벽이 있는데 여름 장마 때에는 폭포가 장관이다. 주지스님은 그야말로 동자승처럼 편한 표정으로 등산객을 맞아주고 녹차도 한잔씩 선사한다.

"앞에 절벽!" 선두로 가던 친구의 외침에 연속으로 "조심!", "천천히!"를 외치며 조심조심 걸었다. 주능선에 남쪽으로 이어진 줄기엔 애기봉이 있다. 힘들게 들어선 만큼 애기봉의 경치는 수려했다. 미륵골 철암폭포에서 잠깐 물놀이도 했다. 계곡물에 발을 담가보고 땀에 잔뜩 전 얼굴에 차가운 물을 대보기도 했다. 찬물로 기운을 회복한 우리는 다시 심기일전하여 하산했다. 다시 운주사 입구로 내려오면서 산행을 마무리했다.

# 사랑과 소망이 이루어지는 화원

## : 연인산

---

연인산(戀人山). 사랑하는 이와 오르는 산이다. 다른 산은 몰라도 연인산은 아내와 와야 마음이 편하다. 연인산이 철쭉으로 물들기 시작하면 누가 먼저랄 것도 없이, 우리 부부는 산에 가야 할 때임을 느낀다.

---

연인산은 원래 이름 없는 산이었다. 원래는 우목봉 또는 월출산이라 불리며 찾는 이가 그리 많지 않던 산이었는데, 1999년 '길수'와 '소정'의 전설에 연유하여 이름을 '사랑과 소망이 이뤄지는 곳, 연인산'이라 지었다.

연인산에서 숯을 구우며 살던 청년 길수. 우연히 사랑에 빠진 소정과의 혼인을 원하게 된다. 소정은 김 참판 집의 종이었는데, 소정을 내어주기 싫었던 김 참판은 길수를 역적으로 몰았고 그 과정에서 소정은 목숨을 잃게 됐다. 소정을 잃은 길수는 산에서 가꾸던 조밭을 불태우고, 그곳에 자기 몸을 던졌다. 그가 죽은 곳에 철쭉나무와 얼레지가 곱게 서 있었다고 한다.

길수와 소정의 사랑은 현생에서 이뤄지지 않았지만, 그들의 사랑이 사

후에 이뤄지길 바람이 있었던 것일까. 결국 길수가 살던 이 산은 '연인산'이 되었다.

오늘은 소망능선으로 올랐다가 장수능선으로 내려오기로 했다. 소망능선으로 오르는 길은 그다지 힘들지 않다. 완만한 능선 길 구간이 많아 쉬엄쉬엄 오르기 좋다. 일부 등산객은 맨발로 다닐 만큼 흙도 곱다. 가평의 명물인 잣나무가 여기저기 보인다. 하늘을 향해 쭉쭉 뻗어 보기만 해도 시원하다. 정상에 다다를수록 분홍빛 철쭉이 눈에 띈다. 연분홍과 진분홍이 잘 어울려 있다. 마치 연인산에서 피어난 사랑 같다.

철쭉의 꽃말은 사랑의 '기쁨', '사랑의 즐거움'이다. 연인산과 아주 잘 어울린다. 해발 700m 이상 능선에서 군락을 이루며 자생하고, 고지대로 올라가면 키가 2m 이상 되는 철쭉이 터널을 이루기도 한다. 우리나라 전역에서 쉽게 볼 수 있고 5월이면 전국 곳곳에서 철쭉제가 열린다. 가평군에서도 철쭉제를 지내고 있다. 철쭉은 산객(山客), 산에 오는 손님이라는 애칭으로도 불린다. 봄에 몰래 와서 산을 아름답게 물들이고 간다.

정상에 도착했다. 연인산이라 쓰인 큼직한 정상석이 나를 반긴다. 높이가 무려 1,068m다. 높은 산이지만, 봄바람을 맞으며 천천히 올랐더니 얇은 등산복이 아직 보송보송하다. 아내와 산을 오르고 싶은데 내려갈 때 무릎이 아프다고 잘 따라오지 않는다. 같이 온 일행과 함께 아래를 내려다보니 산 이곳저곳이 분홍빛이다.

봄이면 철쭉이 터널을 이루는 연인산. 이 산엔 얼레지, 노랑제비꽃, 양지꽃 등 오색의 야생화가 군락을 이루고 있다. 이 꽃은 봄에만 볼 수 있는 것이 아니라 가을까지 늘 만개해 있다. 능선도 걸출하고 계곡도 장관이다. 이날 코스에는 포함되지 않았지만 용추계곡도 연인산과 송악산이 품고 있는 비경 중의 비경이다. 그러니 연인과 함께 오르기에 더할 나위 없이 좋은 산이지 않은가.

오늘 4시간 50분 정도 걸었나. 장수고개로 내려오니 벌써 해가 기울었다. 해가 중천일 때 올랐는데, 벌써 진다. 숲 사이로 보이는 내 그림자가 길게 늘어졌다. 산에서 보낸 시간만큼, 길고 길게.

## 계곡과 단풍이 조화를 이루는 경기도의 지리산

### : 명지산

경기도에서 가장 높은 산은 화악산이고 그다음 높은 산이 바로 1,267m의 명지산이다. 명지산은 '경기의 지리산'이라 불리며 계절마다 뚜렷하게 다른 풍경으로 유명하다. 봄에는 철쭉과 진달래, 그리고 흐드러지는 밤꽃. 가을엔 가평 제4경인 명지산 단풍이 손에 꼽힌다. 여름과 겨울엔 시원한 계곡과 눈부신 눈꽃이 가득 피는 산.

나는 수원에 살던 90년 무렵부터 산을 타기 시작했다. 일요일에는 광교산에 올라 서너 시간씩 등산을 했는데, 배낭엔 항상 술이 가득했다. 산에 가서 기분 좋아 술을 마시는 건지, 술 마시러 산에 가는 건지 모를 정도로…. 눈이 펑펑 내리던 어느 날 고교 선생님과 산에 올라 삼겹살을 구워 먹는데 술이 모자랐다. 후배기자에게 술 사갖고 오라고 전화를 했더니 거짓말처럼 소주 열 병을 사갖고 올라왔던 웃지 못할 추억이 떠오른다. 포천으로 귀향을 하고 나서 제일 하고 싶은 것은 바로 이 일대의 산에 빠짐없이 오르는 것. 백두대간 종주는 못하더라도 한북정맥은 꼭 종주해보고 싶다. 이런 마음으로 요즘은 늘 산에 다니고 있다. 이번엔, 명지산이다.

명지산 등산로는 평탄한 편은 아니다. 수목원이나 동네 뒷산처럼 잘 정비된 등산로를 떠올리면 안 된다. 길이 거칠다. 산에 오르는 길 주변으

론 수풀과 나뭇가지, 넝쿨 등이 잔뜩 자리 잡고 있다. 지난여름, 뜨거운 햇빛에 무럭무럭 자랐을 각종 식물이 등산로를 마치 동굴처럼 에워싸고 있다. 숲길을 걷는다 생각하고 오르면, 그 나름의 운치가 있다.

연인산 마을이 있는 백둔리계곡에서 출발하여 아재비고개를 거쳐 3봉으로 오르는 코스로 올랐다. 아재비 고개에서 명지 3봉으로 가는 길이 꽤 험하다. 3봉으로 올라 주변 산세를 보는 것은 신선놀음이지만, 그 이전까지는 꽤 오랫동안 나무계단을 올라야 한다. 대체로 흙길이고 울창한 수림으로 둘러싸였다. 한 30분 정도 더 걸었을까. 2봉에 도착했다. 2봉에서 잠깐 숨을 돌리고, 저 멀리 보이는 정상을 향해 걸었다. 이 구간이 바로 가을 단풍의 절정을 느낄 수 있는 코스다. 가을이 빨리 온 탓에 벌써 나뭇잎에 물이 든다. 초록의 줄기를 따라 형형색색의 변화를 준비하는 수목을 보니 벌써 가을의 한가운데에 있는 것 같다. 나무로부터 가을의 소리를 들으며 걷다 보니 어느새 정상에 올랐다.

아담한 정상석이 험한 바위 사이에 바위의 조각인 마냥 서 있다. 워낙 높은 탓에 주위에 있는 산세가 모두 보인다. 정상에서의 풍경도 멋있지만 하산길에 바라보는 정상은 더 멋있다. 저 멀리 보이는 작은 정상석을 찾는 재미도 있다.

하산길은 화채바위 쪽으로 잡았다. 올라오는 등산로와는 비교도 안 될 정도로 길이 험했다. 급경사, 유실된 계단, 끝이 없는 바위길…. 모든 산에서 내려올 때마다 생각이긴 하지만 '이리로 올라오면 큰일 날 뻔했다'는 생각이 하산 내내 머릿속에 맴돌았다. 역시, 천 미터가 넘는 산을 오르고 내린다는 건 보통 어려운 일이 아니다. 날씨, 컨디션, 코스. 삼박자가 모두 잘 맞아야 건강하게 오르고 내릴 수 있다.

내려오다 보니 명지계곡을 만났다. 예전엔 계곡만 잠깐 들렀던 적이 있는데, 이렇게 명지산 정상을 들렀다 만나는 명지계곡은 또 다른 느낌이다. 예전에는 그저 관광 목적으로 들렀다면, 이번엔 그 계곡의 수원지까지 기어이 올라가서 만난 다음에 다시 옛 친구를 만나는 기분으로 들렀다. 명지계곡 근처 등산로는 곳곳이 물에 젖어 있다. 길이 험하다 보니, 근처엔 등산로를 표시한 산악회 표식도 보인다. 계곡 삼거리에 이르니 슬슬 평탄한 등산로가 시작된다. 그렇게 한 시간 정도 걸었을까. 익근리 주차장에 도착해서 산행을 마무리했다.

명지산엔 아직 야생동물이 많이 산다. 이 날엔 가지 않았지만 움막삼거리, 763봉 쪽으로 이동하는 코스를 잡으면 등산로에서 야생동물의 배설물도 가끔 보인다. 멧돼지, 오소리 같은. 워낙 크고 높은 산이다 보니, 감추고 있는 것도 많고 숨어있는 것도 많다. 미리 체력을 보강해서 다양한 등산로를 탐방하다 보면 지리산 못지않게 아름다운 명지산의 진가를 알게 될 것이다.

# 피톤치드 가득한 숲이 있는

## : 청평 자연휴양림(뾰루봉)

무더운 여름, 에어컨 바람에 질리면 청평 자연휴양림이 그리워진다. 시원한 숲의 공기가 에어컨 바람에 찌든 폐를 깔끔하게 씻어준다. 나무 사이로 불어오는 서늘한 바람, 깨끗한 공기, 그리고 좋은 사람이 곁에 있으면 더위는 저만치 물러간다.

피톤치드는 식물이 병원균과 해충, 곰팡이에 저항하기 위해 내뿜는 물질이다. 피톤치드의 주성분은 '테르펜'이란 물질인데, 이 물질이 숲속의 향긋한 냄새를 만들어낸다. 테르펜은 우리 뇌의 알파파를 증가시켜 심신을 안정시키고, 집중력과 기억력을 증가시키는 효과가 있다. 피톤치드의 이러한 성분 때문에 우리가 산림욕을 할 때 조금 더 편안한 감정을 느낄 수 있게 된다. 청평 자연휴양림은 20만 평이 넘는다. 소나무, 잣나무, 참나무 등이 빼곡하고 계절마다 색다른 풍경이 펼쳐진다. 이곳만큼 편안하게 산림욕을 즐길 수 있는 곳을 나는 아직 발견하지 못했다.

날씨가 덥지만 않았다면 서쪽 전망대에서 뾰루봉을 걸쳐 동쪽 전망대까지 길게 걸을 테지만 오늘은 가볍게 약수터까지만 다녀오기로 했다. 왕복 한 시간 정도 걸린다. 청평 자연휴양림에 갈 때는 복장이 중요하다.

청평자연휴양림

덥다고 무작정 반바지와 반소매 셔츠를 입으면 후회하기 딱 좋다. 긴 풀에 다리가 쓸릴 위험도 있고, 여름이라도 서늘함을 느낄 수도 있기 때문이다. 키 큰 나무가 만들어낸 그늘에서 잠깐 쉬고 있노라면, 나무 사이를 지나는 차가운 숲 바람에 몸에 있는 온갖 털이 바짝 선다. 등산할 때처럼 긴팔 바람막이 등이 필수다.

숲속에는 이름 모를 꽃과 나무가 가득하다. 이럴 때는 함께 온 친구에게 이름을 물어보면 금방 답이 나온다. 어릴 적부터 산에 자주 다닌 친구는 모르는 꽃과 나무가 없다. 몇 번 물어보니 묻기 전에 먼저 설명해준다. "무궁화를 닮은 이 꽃은 능소화. 아직 꽃이 안 핀 이건 꽃사과야. 왕원추리 꽃이 기특하게도 폈네. 예쁘네."

청평 자연휴양림에는 관람객과 함께 숲을 돌아보며 숲 이야기를 해주는 숲 활동가가 있다. 친구도 조금 더 나이가 들면 이곳에서 일해보고 싶단다. 이곳에 올 때마다 나를 대상으로 연습을 하는 건지. 꽃과 나무, 숲에 관한 이야기가 끊이지 않는다.

어느덧 약수터에 도착했다. 포천엔 아직 약수터가 많은 편이다. 호병골 약수터, 청계 약수터, 체육공원 약수터 등. 어렸을 때 자주 다녔던 약수터 중에는 지금은 수질 때문에 운영하지 않는 곳도 많다. 하지만 청평 자연휴양림의 약수는 아직도 1급수를 유지하고 있다. 바위 사이로 맑은 물이 졸졸 흘러나온다. 파란 바가지를 한번 헹구고 약수로 가득 채운다. 한참 걷고 난 후에 마시는, 그야말로 꿀맛인 '약수'다. 정수기에서 걸러진 물이나 페트병 생수에서 느낄 수 있는 시원함이 아니다. 은은하게 느껴지는 단맛과 톡톡 쏘는 맛. 그야말로 살아 있는 맛이다. "물맛 좋~다."

청평 자연휴양림에는 관람객이 즐길 수 있는 프로그램이 많다. 숲에 대한 다양한 정보를 얻을 수 있는 숲 해설, 숲 체험이 가장 인기가 많다. 그리고 지친 몸과 마음을 치료하는 숲 치유, 아이들이 마음껏 숲에서 즐기는 방법을 배우는 숲 놀이도 있다. 미리 예약하기만 한다면 피톤치드 가득한 숲속 펜션에서 하룻밤을 지내는 것도 가능하다. 회사 야유회나 단체 워크숍을 할 수 있는 강당과 운동장도 있다.

걸었다, 쉬었다, 두세 시간이 후딱 지나간다. 에어컨 바람 대신 맑은 공기를 마시고 더위에 지친 몸과 마음을 충분히 쉬게 했다. 휴식와 건강을 건네준 청평의 숲, 그리고 그 모든 숲에 오늘도 고맙다.

## 산세가 부드러워 걷기 좋은
### : 유명산

---

용문산의 서쪽에는 소구니산, 유명산, 어비산 그리고 대부산이 삼각대 형을 이루며 서 있다. 모두 700~800m 높이의 산이고 대체로 산세가 부드러워 가족이 함께 산행하기에 좋다. 또 험한 바위 지대가 많지 않아 겨울 산행에도 좋다. 한적하게 걷고 싶을 때, 그때 찾기 좋은 산. 그중에서도 유명산에 들러 종종 걷곤 한다.

---

올해 5월 유명산 등산은 아쉬움이 많았다. 유명산 등산로 중엔 박쥐소가 있는데, 박쥐소부터 합수지점은 현재 휴식기간이라 입장이 안 됐다. 2019년 말쯤에는 휴식기간이 끝나서 방문이 가능할 것으로 예상된다. 내려오는 길에나 갔을 박쥐소 생각에, 산을 오르는 길부터 조금 기운이 빠졌다.

유명산의 능선 길은 큰 특징은 없다. 단순하고, 경사가 없는 흙길이다. 그래도 매표소를 지난 후부터 이어지는 낙엽송, 참나무, 전나무가 볼 만하다. 여러 수종이 뒤섞여 하늘을 가리고 있다. 또 유명산은 봄의 진달래로 유명한데, 진달래와 야생 벚꽃이 어울려 시원하고 수려한 경치를 볼 수 있다. 쉬엄쉬엄 한 시간 정도 걸었을까, 생각보다 빨리 정상에 오를 수 있다.

유명산의 정상석은 돌로 만든 지지대 위에 가지런히 자리하고 있다. 정상에 오르면 용문산과 백운봉이 보인다. 여느 산과 다르게 평평한 초원지대로 만들어진 정상. 정상엔 비교적 높은 나무가 없는 덕분에 주위 경관이 한눈에 내려다보인다.

근처에 있는 대부산의 정상은 나무가 빽빽하다. 바로 옆 산인데도 정상의 풍경은 천지 차이다. 이를 비교해보는 재미도 있을 것 같다.

사실 유명산은 영화 〈왕의 남자〉 촬영지로도 유명하다. 영화에서 장생(감우성 분)과 공길(이준기 분)이 앞이 보이지 않는 척 놀이를 하다 서로 정을 느끼게 되는 바로 그 장소. 유명산 정상에 있는 소나무를 배경으로 촬영했다. 당시 영화감독은 이곳에 대해 "동성끼리 있으면 동성애가 생기고, 이성끼리 있으면 이성애가 생길 만한 곳"이라 평했다고 한다. 유명산은 이런 초원 정상에 오르는 것만으로도 충분히 의미가 있다. 이 날은 다시 능선 길로 하산을 했다.

그리고 올해 8월 말, 다시 유명산을 찾았다. 봄에 못 만난 임을 여름에는 다시 만날 수 있을까 해서 찾아왔다.

올해 비가 꽤 온 탓에 수량이 많다. 그늘도 많고, 휴양객도 많다. 시원한 계곡에서 물놀이를 하는 그들을 보고 있자니, 포천·가평에 있는 모든 계곡이 한꺼번에 떠오른다. 부드러운 담터계곡, 신비로운 지장산계곡,

그리고 큼직큼직한 백운계곡까지. 포천과 가평 곳곳에서 여름을 즐기고 있을 휴양객을 떠올리니, 물에 담근 발만큼이나 머릿속도 시원해진다.

매표소로 내려오는 길은 입구지 계곡길이라 해서 박쥐소, 용소 등 다양한 폭포와 계곡길이 이어진다. 근처에는 캠핑객도 있고, 나 같은 등산객도 있다. 이렇게 정상과 계곡길을 모두 걷고 나니 3시간 30분쯤 걸렸다. 박쥐소에 욕심을 부리지 않았다면 근처에 있는 어비산이나 대부산으로 넘어갔을 수도 있었을 텐데.

가을 풍경이 짙어질 때쯤 소구니산과 대부산, 유명산과 어비산을 모두 걸어봐야겠다. 산 서편에 있는 37번국도 드라이브도 곁들여 가평의 부드러운 산세를 단풍과 함께 즐겨볼 예정이다.

유명산 근처엔 맛집도 많다. 솥뚜껑 닭볶음탕을 파는 산골농원은 '전지적 참견시점'에서 이영자 씨가 추천한 곳으로 유명하다. 또 누룽지 백숙을 파는 예사랑, 김치전과 다슬기칼국수를 파는 선어치 고개집도 좋다. 또 이 책에서 소개하고 있는 유명산 종점가든도 대표적인 맛집. 산행 후엔 역시 맛집이다. 이제 슬슬 맛집으로 가볼까.

# 호랑이가 뛰놀던 산,
# 하늘과 맞닿은 호수
## : 호명산과 호명호수

정상에 오르면 운악산과 연인산, 명지산, 화악산 등 명산이 한눈에 들어오고, 능선을 따라 더 걸으면 산 위에 넓게 펼쳐진 호수가 나타난다. 골짜기와 능선을 쓸어 오른 바람이 시원하게 불어오면, 하늘과 맞닿은 호수 표면엔 물결이 인다. 수려한 산세와 드넓은 호수. 호명산과 호명호수다.

호명호수는 호명산 해발 535m 지점에 만들어진 인공호수로, 1980년에 만들어진 우리나라 최초의 양수발전소인 청평 양수발전소의 상부 저수지다. 넓게 펼쳐진 호수와 주변을 두르고 있는 빼어난 산세 덕분에 명지산 가을 단풍, 용추계곡 등과 함께 가평 8경으로 손꼽힌다.

호수가 들어선 호명산은 원래 호랑이가 많이 살던 산이었다. 그래서 이름도 '호랑이 울음소리'라는 뜻의 호명산이 되었고, 지역에는 호랑이와 관련된 전설이 여럿 전해져 내려온다. 전설에 의하면 한 스님을 따라 산을 내려와 절에서 함께 살던 호랑이가 있었다. 호랑이는 종종 산에 놀러가 어떤 동굴에 머물렀는데, 나라에 변고가 생기면 인근 마을 사람들이 이 동굴로 피해 화를 면했다. 또한 스님의 호랑이가 자주 올라가 포효하던 바위가 있어서 사람들이 이를 '아갈바위'라고 불렀단다. 동굴 자리

는 지금의 양수발전소가 만들어지며 사라졌지만, 호랑이가 포효했다던 바위는 아직 그대로 남아 있다. 호명산 정상에서 호명호수로 향하는 등산로 중간에 위치하고 있는 기차봉이다.

호명호수가 호명산 정상에 있다고 생각하기 쉽지만 호명산 정상과 호명호수는 3.6km 이상 떨어져 있고, 호수에서 정상까지는 등산로를 따라 걸으면 약 1시간 30분 정도 걸린다. 호명산 정상 등산을 위해 산을 찾는

사람들과 호명호수 공원을 방문하려는 관람객들은 동선도 다르다. 호명산 등산로는 여러 개인데, 대부분 청평역에서 시작해 호명산 정상과 기차봉을 지난 후 호명호수를 찍고 상천역으로 하산하거나 혹은 그 반대로 움직이는 등산로를 따른다. 이 경우, 산행 거리는 11.5km 정도이고 중간에 전망도 구경하며 천천히 간다면 6시간 정도 걸린다. 청평 쪽 등산길에선 얼마 오르지 않아 청평호를 조망할 수도 있고, 호명산 정상에 오르면 운악산과 청계산, 약수봉, 연인산, 명지산, 화악산, 응봉을 볼 수 있다. 호명호수 방문이 주된 목적인 경우는 바로 호명호수 주차장으로 가면 된다. 주차장에서 호수로 향하는 길은 걸어서 1시간 정도 걸린다. 버스로 오르는 경우 주차장에서 호명호수까지는 약 20분이 걸린다.

호수 둘레에는 산책로가 조성되어 있는데 평평하게 길이 잘 닦여 있어 자전거를 타거나 관람차를 타고 다닐 수 있다. 또한 주변엔 나무데크 산책로와 산 능선을 따라 걷는 등산로도 있어 취향에 따라 길을 골라 걸으며 풍경을 즐길 수도 있다. 길을 따라 한 바퀴 돌다 보면 몇 개의 전망대와 청평양수발전소 홍보관 겸 전망대 역할을 하는 팔각정, 1980년 완공 당시 최규하 대통령이 세웠다는 기념탑과 한국전력공사의 순직자 위령탑, 그리고 꽃이 잔뜩 심어져 있는 천상원을 만날 수 있다. 특히 호수 한편에는 이 근방이 6.25 격전지였음을 알리고 호국열사 유해발굴 사업에 대해 알리는 안내문이 있는데, 1951년 5월 중공군과 벌였던 가평-화천 전투 당시 한국군과 미군의 사단이 어디에 위치했었는지 보여주는 지도도 함께 있다. 평화롭고 아름다워 보이는 풍경 뒤에, 아픈 역사와 전쟁 중에 스러져간 수많은 목숨이 있었음을 생각하니 마음이 숙연해진다. 문득, 호명산과 호명호수가 단순히 풍경이 아름답기만 한 곳이 아니라는 생각이 들었다. 난리를 피해 백성들이 숨던 산, 치열한 전투가 벌어졌던 격전지, 국가의 발전을 위해 최초의 양수발전소를 세운 곳, 그리고 이제는 빼어난 풍경으로 가평의 자랑이 된 호수가 있는 곳. 멋진 풍광 속에 우리의 역사와 갈망, 현재 그리고 미래의 희망이 모두 있다고 생각하니 눈에 보이는 풍경이 다시 새롭다.

호수를 따라 걷다 전망대에 올랐다. 발 아래로 능선이 굽이굽이 펼쳐지고, 한쪽엔 태극기가 펄럭인다. 어쩐지 아름다운 풍경보다 파란 하늘에 걸려 있는 태극기에 더 시선이 가서, 한참을 바라보고 있었다.

^^

# 궁예의 전설과 시원한 억새밭이 반겨주는 곳

## : 명성산

후고구려 궁예의 이야기가 전설처럼 내려오는 명성산. 경기도 포천과 강원도 철원에 걸쳐 있다. 정상 부근에 넓게 펼쳐져 있는 억새풀 군락은 가을이면 황금빛으로 절경을 이룬다.

산정호수 주차장에서 명성산 등산로로 향하는 길. 길의 반이 푸른색으로, 다른 반은 노란색으로 칠해져 있어 눈길을 끈다. 푸른 길은 명성산 인근의 산정호수를, 노란색 길은 명성산 정상의 황금빛 억새밭을 뜻한다. 멋진 풍경의 산정호수와 억새풀 가득한 명성산까지, 빼어난 경치가 모두 한 곳에 모여 있다.

등산로의 초입, 명성산이라는 이름의 유래를 설명하는 표지판이 보인다. 원래 이름은 울음산으로, 한자로 '울음 명' 자에 '소리 성' 자를 써 명성산이 됐다. 철원 지역에 도읍을 정했던 후고구려의 궁예가 왕건에게 패해 도망쳤는데, 그 후 이 산 속에서 죽었다는 이야기가 전설처럼 전해진다.

명성산 줄기는 내가 태어난 영북면 운천리 각흘봉까지 이어져 내가 서

른아홉 살에 국회의원이 됐을 때 운천의 어르신들이 "종희가 명성산 정기를 받아서 국회의원이 됐어."라고 좋아하셨던 기억이 난다.

명성산 곳곳에는 궁예의 이야기가 가득하다. 등산로를 따라가다 보면 등룡폭포가 나타나는데 이 폭포를 '궁예의 눈물'이 모여 흐르는 폭포라고 말하기도 하고, 정상부 억새풀 군락을 지나 나오는 약수터는 이름이 '궁예 약수터'다.

산정호수 상동 주차장 쪽에서 시작하는 등산로를 따라가면 초입부터 중반부까지 비교적 완만한 길이 이어진다. 등산로 중반까지는 길옆으로 계곡이 계속 따라오는데, 중간중간 크고 작은 폭포도 만날 수 있다. 30분쯤 올라가면 가장 큰 폭포가 나온다. 궁예의 눈물이 흐른다는 등룡폭포다. 두 개의 큰 바위 위로 쏟아지는 물이 아래에 깊은 웅덩이를 만들어 두었는데, 이를 두 마리 용이 승천하는 모습 같다고 하여 등룡폭포라는 이름이 붙었다. 폭포를 따라 오르게 만들어진 계단 덕분에 폭포의 모습을 아래 위에서 모두 감상할 수 있다.

위로 올라갈수록 등산로 옆으로 억새풀이 조금씩 보이기 시작한다. 정상 부근 억새밭에 가까워지고 있다는 신호다. 등산을 시작한 지 1시간 반쯤 지났을까, 좁고 험했던 길 끝이 환해지더니 탁 트인 넓은 공간이 나타난다. 억새밭이다. 넓은 벌판을 가로지른 바람이 산을 오르며 흘린 땀을 시원하게 식혀준다. 여기서부터 길이 두 갈래로 나뉘는데, 억새밭을 가로지르는 억새바람길, 그리고 억새밭을 빙 둘러가는 억새풍경길이 있다. 억새바람길은 새로 만든 나무계단이 비교적 평평하게 이어지는 길로, 산책하듯 편하게 걸어갈 수 있고 억새를 가까이서 볼 수 있다. '바람이 지나가는 길'은 바람이 불면 따라 눕는 억새풀 소리를 들을 수 있다는 것이 가장 큰 장점. 억새풍경길은 능선을 따라가도록 만들어진 옛 등산로로, 길을 따라 얕은 오르막 내리막이 계속되어 바람길보다는 걷기 힘들고 길도 더 길다. 하지만 능선을 따라가는 내내 억새밭 전체를 한눈에 내려다볼 수 있고 전망 장소도 여럿 있어, 일부러 돌아가는 길을 선택하는 사람들도 많다. 억새바람길로는 20분 정도, 억새풍경길로는 50분 정도 가면 팔각정으로 오르는 계단이 나온다. 팔각정 가는 길에도 온통 억새가 피어 있다.

팔각정에 오르니 탁 트인 시야가 눈을 사로잡는다. 올라오며 지나쳤던 억새밭이 넓게 펼쳐져 있고, 뒤로는 겹쳐진 산등성이가 마치 산수화 같다. 내려가는 길, 마침 지나가는 바람에 억새가 쏴아아, 크게 눕는다. 소리를 따라 발걸음을 멈추고 한참을 서 있었다.

## 암봉에서 즐기는 시원한 풍경
### : 각흘산

홍콩의 '란타우 피크'에 가본 적이 있으신지? 뾰족하게 난 능선 길 양옆으로는 키가 큰 나무가 없다. 그저 낮은 나무와 잔디뿐. 지나온 능선 길, 앞으로 갈 능선 길이 한눈에 다 보이는 광경이 펼쳐진다. 각흘산이 꼭 그렇다. 능선 길 양옆이 훤하다. 그야말로 산에 난 하늘길. 걷고 비박하기에 이보다 좋은 산이 있을까.

이동면에 있는 각흘산 주위에는 민가가 거의 없다. 근처에는 식당이나 숙박시설도 적은 편이다. 각흘산은 이렇게 인적이 드문 곳에 꼭꼭 숨어 있다. 하지만 800m가 넘는 높은 산인 탓에 차를 타고 가면서도 눈에 쉽게 띈다. 멀리에 있는 것 같지만, 은근 자신의 존재감을 드러내는 느낌이랄까. 이동면에 다녀올 때면 언젠가 '꼭 한 번 가봐야겠다' 마음먹었던 산이다.

누군가는 비박으로 좋은 곳이라 하고, 누군가는 각흘계곡 때문에 이 산을 찾는다고도 한다. 계곡을 따라 발달한 완만하고 부드러운 폭포를 보며 시원하게 오를 수 있는 것이 매력이라고. 또, 등산로를 숲 터널로 만들어주는 울창한 나무와 봄에는 진달래, 가을에는 억새풀 지대에 감격하는 등산객도 많다. 내 경우엔 각흘산의 부드러운 능선에 마음을 빼앗졌다.

각흘산 등산로는 험하지는 않다. 각흘계곡을 등산 시작점으로 잡으면 경사가 완만한 폭포를 즐기며 오를 수 있다. 계곡이 있고, 폭포가 있는데도 꽤 조용한 풍경이다. 각흘산의 부드러운 능선은 주변 풍광을 보며 걷기에 좋다. 그리고 능선에 드문드문 솟은 거대한 바위. 그런 능선을 따라 걷다 보면 정상에 오르게 되는데, 암봉이다. 사방이 막힘이 없다. 명성산, 광덕산 할 것 없이 주변의 산이 다 보인다. 철원 일대와 용화저수지, 백운산, 국망봉도 보인다. 날이 좋으면 개성의 송악산까지 또렷하게 보인다고 한다.

각흘계곡 입구에서 올라가 670봉, 689봉, 765봉, 정상을 거쳐 능선을 타고 자등현으로 내려왔다. 6.5km 정도의 코스로 쉬엄쉬엄 걸으며 3시간이 조금 넘게 걸렸다. 혼자 산에 가는 것은 조금 위험할 수도 있다는 걸 아는데도, 각흘산의 능선을 걷고 싶을 때는 종종 혼자 오게 된다. 고요하고 뻥 뚫린 능선 길을 혼자서 걷다 보면 세상과는 완전히 떨어진 느낌이 든다. 모든 것을 계곡물에 하나씩 흘려보내고 홀가분하게 걷는 느낌.

## 산이 허락해야 가능한, 시계 100km
### : 화악산

---

경기도의 최고봉, 경기 5악의 으뜸, 야생화의 보고, 대한민국의 열 번째 고산. 화악산에 늘 붙는 수식어다. 험하고 중후하다. 울창하고 놀랍다. 높이는 1468.3m다. '등산로 준수'라는 주의사항이 곳곳에서 발견될 만큼 산세가 험한 곳이다.

---

경기도 가평군 북면 끝자락. 강원도와 경계를 함께하면서 솟은 화악산. 운악산, 관악산, 감악산, 그리고 개성의 송악산과 함께 경기 5악으로 꼽힌다. 정상엔 군사시설이 있어 출입이 금지되어 있고, 정상으로부터 서남쪽 1km 떨어진 중봉이 정상의 역할을 대신한다. 중봉에서의 시계는 무려 100km에 달한다. 화악산의 중봉에 오르면 우리나라 중서부에 있는 대부분의 산을 볼 수 있다.

화악산은 겨울의 풍경 또한 일품이다. 눈과 안개가 어우러지면 마치 하얀 한지 위에서 걷는 것 같다. 높이 솟아 있는 탓에 산에 오르는 내내 날씨 변화가 심한 날이 많다. 하루 동안 하나의 산을 오르는데 마치 여러 날, 여러 산을 오르는 것 같은 기분이 든다. 중봉 남서쪽으로는 계곡이 있는데 큰골계곡, 오림골계곡, 조무락계곡이 유명하다. 계곡을 따라 크고 작은 폭포가 끊임없이 이어져 산의 수려함을 더한다.

조무락(鳥舞樂)계곡은 석룡산과 화악산을 흐르는 가평천의 최상류에 있는 계곡이다. 무려 6km 길이에 걸쳐 폭포가 이어진다. 풍경이 좋아 '새가 춤추며 즐겼다'라고 하여 '조무락'이란 이름이 지어졌다고 한다. 혹자는 산새들이 재잘(조무락)거려서 생긴 이름이라고도 한다.

38교에서 시작해서 조무락골로 오른다. 조무락 산장을 거쳐 복호동 폭포에 닿았다. 복희동 폭포라고도 하고, 복호동 폭포라고도 한다. 이는 폭포의 모습이 '엎드린 호랑이'와 같다는 뜻에서 붙여진 이름이다. 20m 높이에서 물이 시원하게 쏟아진다. 중턱에선 한 번 꺾이기도 한다. 높은 데서 물줄기가 떨어지다 보니 주면으로 물보라와 물안개가 낀다. 그 덕에 한여름인데도 서늘한 기운을 받으며 산행할 수 있었다.

석룡천과 이끼폭포를 지나 중봉에 다다랐다. 오전에는 분명 맑았는데, 정상에 오르니 안개가 가득 피었다. 동양화 속 저 멀리 옅게 그려진 높은 산속에 들어와 있는 기분이 들었다.

화악산은 야생화의 보고다. 금강초롱, 투구꽃, 세잎쥐손이, 괴남풀, 닻꽃, 구절초, 물레나물….

지난 가을에 왔을 때 경관이 꽤 멋있었는데, 이번엔 안개로 그득한 산세만 구경했다. 정상에 오르는 데 3시간이 걸렸다.

화악산은 지리적으로 한반도의 한가운데에 있다. 인체로 따지면 배꼽인 셈이다. 북한 최북단인 압록강 연안에 있는 중강진, 그리고 남한의 전라남도 여수를 잇고, 위도 38도 선을 연결하면 그 교점이 바로 화악산이라 한다. 중봉에 오르면 '한반도의 중심'이란 표식이 있다. 한반도의 정중앙에, 가장 높이 솟은 산이라니 오를 때마다 감회가 새롭다. 내려올 때는 군사도로를 거쳐 실운현이라 불리는 화악 터널로 걸었다. 올라올 때의 험한 코스와는 다르게 비교적 편안한 임도다.

높은 산에 갈 때는 정상에서의 풍경을 기대하고 오르는 경우가 많지만, 내가 기대한다고 그 풍경을 늘 볼 수 있는 것은 아니다. 봉우리가 많고, 능선의 고저가 심하고, 높이가 높은 산은 높이에 따라 날씨 변화가 꽤 심하다. 그러니 좋은 풍경을 보는 것도 산이 허락해야 가능하다.

화악산은 등산로 정비가 필요하다. 국립공원을 생각하고 오르다가는 낭패를 보기 쉽다. 등산로를 찾기 힘들어서 길을 잃을 위험이 있으니 핸드폰 충전도 충분히 해놓고 다른 사람들과 함께 오르기를 권한다.

2장

# 계곡

## 걷기 좋은 숲과 쉬기 좋은 계곡
### : 가평천 인근 계곡(명지계곡)

---

가평천을 따라 북쪽으로 오르다 보면, 명지산과 연인산, 화악산, 석룡산, 강씨봉, 귀목봉, 국망봉 등 유명한 산이 줄줄이 기다린다. 그만큼 폭포나 계곡, 자연휴양림도 많아서 등산객이나 물놀이 하려는 피서객들이 자주 찾는다.

---

명지산과 화악산 사이를 가로지르는 길. 도로 옆으로 알록달록한 천막과 물놀이 하러 온 피서객들이 보인다. 북쪽의 여러 계곡 물이 모여 흐르는 가평천 줄기와 명지계곡이 만나는 지점이다. 계곡 하류의 폭이 적당히 넓고 물도 깊지 않아서, 아이와 함께 오는 가족 여행자가 많다.

명지계곡 상류는 명지산 군립공원 안의 명지산 등산로를 따라가야 만날 수 있다. 계곡 상류로 향하는 등산로는 명지산 군립공원 주차장의 뒤쪽, 명지산 생태전시관 주차장에서 바로 이어진다. 안내소를 출발한 뒤 10분 정도 지나면 승천사가 나타난다. 일주문을 지나고 하얀 돌미륵상과 승천사 대왕전까지 지나고 나면, 잘 깔려 있던 시멘트 길은 사라지고 돌이 울퉁불퉁한 산길이 시작된다. 걷는 내내 등산로 옆으로 계곡이 나타났다 사라지길 반복한다. 피서객 가득하던 계곡 하류와 달리, 상류엔 사람

"멀리 떠날 필요 있나"

# 근교 계곡서 더위사냥

Let's go weekend

경기도내 가볼만한 곳

기암절경 10km 펼쳐져 백운계곡

수량많아 물고기 풍부 어비계곡

100m 물줄기 환상적 재인폭포

포천 백운계곡

명지계곡 복호동폭포

재인폭포

동아일보 기자 시절 취재한 경기도 내 계곡 소개 기사

이 거의 없다.

승천사와 명지폭포 중간 즈음 가면, 길이 양쪽으로 갈라지는 지점이 나온다. 왼쪽 길은 일반 등산객이 진입하지 못하도록 막혀 있는데, 앞에 '생태계 보전지역'이라는 작은 비석이 있다. 오른쪽 길로 들어서 20분 정도 더 걸어가면 명지폭포라고 쓰인 이정표가 등산로 아래쪽으로 향하는 계단을 가리킨다. 한 명 정도 지나갈 수 있는 폭의 계단이 60m 가까이 이어지는데, 계단 턱이 상당히 높고 불규칙하다. 비교적 완만했던 앞의 등산로에 비해 계단이 꽤 가파르지만, 내려갈수록 커지는 폭포 소리에 걸음이 점점 빨라진다. 그런데 계단을 다 내려가도 소리만 커질 뿐 명지폭포가 보이지 않는다. 계단 옆 큰 바위가 폭포를 가리고 있기 때문이다. 폭포 줄기 전체를 보려면 계곡을 건너 반대편으로 가야한다. 건너가

려 계곡에 발을 넣으니 물이 얼음장 같이 차갑다. 빠른 물살 사이를 지나려니 발이 시릴 정도다. 반대편에 닿으니 이제야 바위 사이로 하얗게 쏟아져 내리는 명지폭포가 보인다. 며칠 동안 내린 비 덕분에 폭포의 물줄기가 꽤 굵다. 폭포를 바라볼 수 있는 물 얕은 곳에 잠시 앉아 발을 담근다. 어느새 한여름 더위는 온데간데없다.

명지계곡을 지나 북쪽으로 더 올라가면 석룡산 조무락골이 나온다. 새들이 노래하며 춤추는 곳이라는 뜻의 조무락골은 가평천 가장 상류 계곡 중 하나로 전체 길이는 6km에 달한다. 계곡 끝에는 복호동폭포가 있다. 화악산과 석룡산 물이 모여 흐르는 폭포인데, 모습이 마치 호랑이가

엎드려 있는 것 같아 복호동이라는 이름이 붙었다. 물이 많을 때는 20m에 달하는 폭포 줄기가 층층이 바위를 타고 떨어지는 모습이 장관을 이룬다. 생성된 지 20억년이 넘었을 것이라 추정되는 주변 지형과 산림은 아직 자연 그대로의 모습을 잘 보존하고 있다. 이 인근 지역은 환경부고시 청정지역으로도 유명하다.

명지산 뒤쪽으로 귀목봉을 사이에 두고 이어지는 강씨봉도 휴양림과 계곡으로 유명하다. 강씨봉 자연휴양림은 경기도 소유의 도유림으로 숙박시설과 숲 해설 프로그램, 다양한 체험시설 등이 잘 갖춰져 있다. 휴양림 내 트레킹 길과 등산로를 따라가는 동안 낮은 계곡이 이어지고, 중간엔 꽤 깊은 소인 '동자소'도 나타난다. 동자소는 궁예의 두 아들이 놀던 곳이라는 전설이 있다.

가평엔 쉬기 좋은 숲과 계곡이 많다. 그래서 좀 쉬고 싶을 땐 이 지역 산을 자주 찾는다. 등산로를 걷다 힘들면 잠시 계곡에 발을 담그기도 하고, 길 끝에서 만난 크고 작은 폭포 앞에서 땀을 식히기도 한다. 그러다 보면 어느새 복잡했던 마음이 조용히 가라앉는다.

오늘도 숲을 걷고 계곡 사이를 누빈다고 내내 땀을 흘렸다. 몸은 피곤한데, 잘 쉬고 간다는 생각이 들 수밖에 없는 가평의 산하. 이는 분명 신이 내린 선물이다.

~

# 그림 같은 아홉 경치

## : 용추계곡

---

가평 연인산 칼봉에서 시작해서 옥녀봉 쪽으로 흐르는 용추계곡. 전체 길이가 24km에 달한다. 그중에서도 특히 빼어난 절경 9곳이 이어져 있는 6.6km 구간이 있는데 이를 용추구곡 또는 옥계구곡이라 부른다. 여름을 맞은 용추계곡에는 하류에서부터 상류까지 피서객들로 가득하다.

---

수려한 풍경과 용이 승천했다는 전설을 간직한 계곡. 용추계곡이란 이름은 용이 하늘로 오르면서 만들어진 '아홉 굽이의 그림 같은 경치'라는 뜻으로, 화서학파의 조선말기 유학자 성재 유중교의 시문에 등장한다. 유중교는 구곡의 위치를 서술하고, '가릉군 옥계산수기'라는 시문을 남겼는데 가릉군은 가평군의 옛 이름이다. 사실 2017년까지는 구곡의 정확한 위치가 알려지지 않았었는데, 포천 국립수목원 연구팀이 구곡의 위치를 모두 찾아내고 2018년 3월 이를 발표했다.

1곡부터 9곡까지 순서대로 보기 위해서는 가평읍 승안리 마을에서 시작하는 승안리 탐방로를 따라 올라가야한다. 1곡 근처의 공터 또는 2곡과 3곡사이에 위치한 공용주차장에서부터 걸어올라 간다면 9곡까지 가는데 편도로 최소 2시간이 소요된다. 왕복 4시간 산행이 부담이라면 중

간 부분까지 차로 접근할 수 있다. 6곡 근처까지 차도가 이어져 있기 때문이다. 다만, 3곡 위부터는 개인이 운영하는 유료 주차장 몇 곳 외에는 주정차가 가능한 장소가 따로 없다. 6곡을 지나면 차도가 사라지고 흙길이 나온다. 7곡부터는 등산로로만 접근이 가능하고, 9곡까지는 산길을 따라 40분 정도 걸린다.

9곡은 모두 이름을 가지고 있는데, 용추폭포가 있는 1곡의 이름은 '와룡추'다. 누워 있던 용이 승천한 자리란 뜻으로, 폭포 자체는 높이 5m 정도의 작은 폭포지만, 폭포를 둘러싼 바위와 풍경이 빼어나다. 주변에는 안전을 위해 울타리가 쳐져 있기 때문에 폭포 가까이로는 접근이 불가능하다. 대신 폭포가 잘 보이는 장소에 나무로 만들어둔 낮은 전망대가 있는데, 이곳에서 폭포의 모습을 볼 수 있다. 2곡에는 높이 3m, 둘레 2m 정도의 바위가 하나 있다. 천년 묵은 노송이 바위를 끌어안고 있는

모습이라 하여 2곡을 '무송암'이라 부른다. 무송암을 지나면 공용주차장이 나온다. 넓은 계곡을 가로지르는 다리가 하나 나타난다. 다리를 건너면 도립공원 안내 천막을 만날 수 있는데, 이곳에 신분증을 맡기면 구명조끼를 무료로 대여할 수 있다. 약 100m 크기의 천연수영장이다. 용추계곡은 수심이 깊은 곳이 많고 수량도 많은 편이다. 주차장을 지나 계곡을 오르니 곧 3곡이 나타난다. 거북이를 닮은 바위 두 개가 특징인 '탁령뢰'다. 그 뒤로 4곡 '고슬탄'과 5곡 '일사대', 6곡 '추월담'을 지났다. 6곡을 지나며 차도가 끝난다.

6곡과 7곡 사이에 도립공원 천막과 안내요원이 보였다. 7곡에서 9곡까지, 여기서 얼마나 걸릴지 물었다. "40분 정도 더 가시면 됩니다. 물다리 두 번 건넌 뒤 10분 정도 가면 7곡 나오고, 그 뒤로 또 15분 정도 가면 8곡이 나와요. 계속 가시다가 길이 끝나는 지점에서 9곡이 나옵니다."

산길을 따라 들어가니 정말 계곡을 가로지르는 징검다리가 두 번 나왔다. 마침 며칠 전 비로 수량이 많아져서 물살이 아주 셌다. 이곳부터는 등산로에 인적이 드물다. 상류로 올라갈수록 물살이 빠르고 물이 차가워서 입수와 수영이 금지되기 때문이다. 얼마 지나지 않아 7곡 '청풍협'이 나타난다. 푸른 단풍나무가 계곡 위로 드리워졌다. 계곡의 폭이 좁아지면 8곡 '귀유연'이 나타난다. 좁은 물길 사이로 세차게 흘러내린 계곡물이 깊은 웅덩이를 만들었는데, 가운데에는 거북이를 닮은 큰 바위 하나가 있다. 거북이가 노는 연못을 지나 계속 걷다 보니, 안내원 말대로 어느 순간 길이 끝났다. 눈앞에 나타난 넓은 웅덩이, 9곡 '농원계'다.

잠시 다리를 쉬다 다시 산을 내려간다. 보물찾기 하듯 아홉 경치를 찾는 재미에 힘든 줄도 모르고 다녀온 길, 어느새 몇 시간이 훌쩍 지났다.

# 신비한 물안개, 사계절 아름다운 그곳

## : 지장산계곡, 담터계곡

폭염특보가 이어지던 지난여름 모처럼 딸아이와 함께 계곡을 찾았다. 선풍기나 에어컨 바람이 아니라 산바람, 물바람을 쐬고 싶었던 우리 부녀. 이웃처럼 나란히 붙어있는 담터계곡과 지장산계곡에 가서 발을 담그고 통닭과 맥주, 떡볶이를 나눠 먹었다. 야영은 허용되지 않지만 텐트나 그늘막을 치고 물놀이를 하는 가족들의 정겨움이 참 좋았다.

지장 냉골. 어린 시절 이웃 어른들이 지장산계곡을 부르던 말이다. 얼음같이 차가운 물이 몇 km씩이나 흘러 만든 계곡이라는 뜻. 지장산은 800m가 넘는 높은 산이다. 숲도 울창하고 기암괴석이 산 곳곳을 장식하고 있다. 바위 사이를 타고 흐르는 물이 폭포도 만들고 작은 소도 만들고 때로는 물안개로 멋진 풍경을 연출한다. 계곡은 지장산 등산로 입구부터 이어진다. 한참을 내려왔을 물인데도 여전히 차갑고 깨끗하다.

큰 바위 위에 걸터앉았다. 계곡물이 정강이 중간 정도까지 찼다. 수경을 쓴 어린아이 하나가 얕은 계곡물 위에 구명조끼를 입고 둥둥 떠 있다. “나도 어렸을 때 저렇게 놀았던 것 같아. 재밌었는데.” 아이를 보던 딸이 문득 어린 시절을 떠올렸다. “내가 물에 빠질까 봐 아빠가 날 꼭 잡아줬었지.”

그러고 보니, 나는 여름마다 계곡을 찾았다. 수원에 살던 시절에도 더위가 절정에 다다를 때면 포천으로 넘어와 익숙했던 지장산계곡을 찾았다. 바짓단을 걷어붙이고 그 냉골에 발을 담그고 있으면 한 해 더위가 싹 다 날아갔다. 딸아이도 그 시원한 기억을 가지고 있는 듯했다.

지장산계곡의 묘미는 물안개다. 모든 계곡에는 조금씩 물안개가 있는데, 지장산계곡의 물안개는 조금 더 특별하다. 계곡의 양옆과 위쪽을 나무가 덮고 있는 곳이 많은데 그러다 보니 계곡에서 피어오르는 물안개가 날아가지 않고, 그 나무 터널 안에 갇히게 된다. 시원한 계곡 안에 있으면서 약간 몽환적이고 아련한 느낌도 든다. 지장산계곡 하류는 중리저수지(낚시터)다. 2년 전부터는 야영이나 백패킹이 일절 금지됐고, 당

일 가족 피서에 적합하다. 구리-포천간 고속도로를 이용하면 서울에서도 1시간 반 정도밖에 안 걸린다. 근처엔 대교천 현무암 협곡, 고석정과 같은 대자연의 모습도 볼 수 있다. 계곡에 물이 많은 날, 지장산계곡에 가보자. 다른 계곡에서는 볼 수 없는 특별한 풍경을 보게 된다.

계곡에서 놀고, 발을 담그는 것 이상이 필요한 날도 있다. 야영을 하면서 계곡을 즐기고픈 날. 그럴 땐 담터계곡으로 간다. 담터계곡은 철원과 포천의 경계에 있는데 지장산 계곡보다 2km나 더 긴 7km 정도 이어진다. 과거에 계곡 주변에서 산짐승을 사냥하고, 뼈로 담을 쌓았다 해서 지어진 이름, 담터. 이곳은 계곡 주위로 평탄한 지형이 만들어져 있어 야영하기에 딱 좋다. 개인이 운영하는 야영장도 여럿 있다.

여름의 한 가운데, 담터계곡에서 평상 하나를 빌려 하루 종일 앉아 있으면 신선 부럽지 않다. 계곡 주위로 솟은 높은 나무와 절벽으로 여름에도 한기가 느껴지는 곳이다. 물도 맑고 얕아서 아이와 어른이 함께 놀기 좋다.

작년 가을에도 와봤는데, 그때는 계곡에 비친 단풍색이 일품이었다. 맑은 계곡물 사이로 보이는 자갈 바닥, 깨끗한 자갈과 물길에 비치는 다양한 산의 색깔. 계곡을 따라 흐르는 단풍잎의 여정을 바라보고 있으면 온갖 세상사가 시원하게 해결되는 것 같은 기분도 들었다.

포천의 계곡은 모두 내게 특별한 의미가 있다. 쉴 수 있고, 생각할 수 있고, 즐길 수 있는 곳이다. 산과 물에 온전히 나를 맡기고 다시 한번 나를 바르게 정비할 수 있는 곳. 포천의 모든 계곡이 내게는 그런 의미다.

# 아는 사람만 찾아간다는 깊은 산속 꽁꽁 숨겨진

## : 도마치계곡

산 많은 경기도 가평. 산속 곳곳이 계곡이다. 그중 도마치계곡은 최근에야 알려질 정도로 첩첩산중에 위치하고 있다. 경기도에서 유일하게 청정지역으로 지정될 만큼 아름다운 자연을 잘 보존하고 있는 도마치계곡. 더위를 잊게 만드는 시원한 물소리를 듣기 위해 계곡을 찾았다.

도마치계곡은 적목리 용수목 삼팔교에서 강원도 경계인 도마치고개까지를 말한다. 도마치라는 이름은 도와 도의 경계를 왕래하는 고개라는 뜻이다. 도로가 없던 시절 같은 도에 있는 가평보다 강원도 사창리와 가까워 자주 왕래하며 붙은 이름이다. 깊은 산골에서 흘러내리는 계곡물은 전국 어디에도 볼 수 없는 청정 옥수다. 계곡을 따라 적목용소, 무주채폭포, 용소폭포 등 아름다운 풍경이 펼쳐진다.

적목용소를 가려면 과거 삼팔선이 지났던 삼팔교를 거쳐야 한다. 이곳의 삼팔선은 일본으로부터 독립 후 미국과 소련의 통치 구역을 나누기 위한 첫 번째 삼팔선이었다. 이후 한국 전쟁이 발발했고 가평군 일대에서 치열한 전투가 벌어졌다. 연이은 승전으로 이곳의 삼팔선은 북쪽으로 진격했고 여기에는 예전의 흔적만 남았다.

삼팔교를 건너면 평화의 쉼터가 나온다. 이곳 역시 6·25 전쟁 때 국군과 중공군의 치열한 전투가 계속된 지역이다. 평화의 쉼터는 수많은 전사자의 넋을 위로하고 희생을 기리기 위해 세워진 안보공원이다. 엄숙한 마음으로 짧게 묵념의 시간을 가진다.

평화의 쉼터를 조금 지나면 적목용소가 보이는 다리가 나온다. 적목용소는 이무기가 승천을 준비하는 못이었다. 이무기가 용이 되어 승천하는 순간 임신한 여인과 마주쳐 하늘에서 떨어지고 만다. 그때 만들어진 소가 적목용소라는 전설이 있다. 멀리 보이는 소는 이무기가 살 만큼 깊고 짙은 초록색을 띠고 있다.

다리를 건너면 세상을 초록으로 뒤덮을 만큼 빽빽하게 나무가 들어서 있다. 마치 원시림에 온 듯하다. 길도 제대로 닦여 있지 않아 바위를 조

심스럽게 밟으며 위로 올라간다. 이끼 가득한 바위가 미끄럽다.

녹음을 즐기며 오르다 보면 무주채(舞酒菜)폭포가 나타난다. 무주채폭포는 무관들이 술과 나물을 먹으면서 춤을 추던 곳이라 전해진다. 55m 높이에서 암벽을 타고 쏟아지는 물줄기는 하얀 명주실을 풀어놓은 것 같다. 폭포를 쳐다보는 것만으로도 가슴까지 시원해진다. 평평한 바위에 걸터앉아 떨어지는 폭포를 하염없이 바라본다. 아직 많이 알려지지 않아 인적이 드물다.

다시 산길로 발길을 돌렸다. 여기저기 작은 폭포와 소가 이어진다. 이름 모를 야생화와 버섯을 구경하는 재미가 쏠쏠하다. 적목용소를 조금 더 가까이서 볼 수 있는 위치에 멈춰 섰다. 소 위로는 용소 폭포가 큼직한 바위를 가르며 힘차게 흘러내린다. 도마치계곡은 1급수에만 사는 천연기념물 열목어가 살 정도로 맑고 깨끗하다. 당장이라도 물에 뛰어들고 싶다. 하지만 이곳은 환경부에서 지정한 청정지역이라 물놀이 금지다. 멀리서나마 소의 아름다움을 눈에 담을 수 있음에 감사하다. 하지만 아쉬움이 남는 건 어쩔 수 없다.

이름 모를 소에 손을 살며시 담근다. 얼음장처럼 차갑다. 이렇게나마 아쉬움을 달래며 산을 내려왔다.

# 명품 중의 명품 계곡길

## : 백운계곡

백운산은 포천시 이동면과 강원도 화천군 사내면에 걸친 높이 904m의 산. 백운계곡은 길이가 무려 10km로 물이 맑기로 워낙 유명하다. 계곡길을 따라 걸어 올라보니 물놀이를 하는 행락객도 많았지만 계곡 트레킹을 즐기는 사람도 많았다. 시원한 계곡을 끼고 걷기 때문에 여름 산행에 딱이다.

시작은 흥룡사였다. 계곡 입구엔 아담한 절이 하나 있는데, 바로 세종의 친필이 보관되어 있는 흥룡사다. 왕방산에 있는 왕산사를 창건한 도선국사가 창건한 또 하나의 사찰이다. 신라시대에 만들어진 내원사는 6·25 전쟁이 터지기 전까지 법당이 네 동이 넘고, 요사채가 여러 개였던 큰 사찰이었다. 지금은 그때보다 훨씬 아담하다.

창건 설화도 재미있다. 도선이 절터를 정하기 위해 세 마리의 나무로 만든 새를 날려서 보냈다. 그중 한 마리가 도착한 곳이 이 백운산. 그래서 이곳에 흥룡사를 세우게 됐다고 한다. 흥룡사 뒤쪽으로는 울창한 숲이 펼쳐진다. 이곳이 바로 백운계곡으로 향하는 길. 주차장에 차를 댄지 몇 분 지나지 않았지만 순식간에 깊은 숲으로 들어온 기분이 든다.

흥룡사 뒤쪽 숲으로 들어가면서부터 계곡물 소리가 들린다. 장마가 지

난 지 얼마 지나지 않았을 때라 물소리가 세찼다. 계곡물에 평평해진 큰 반석 위로 시원하게 쏟아지는 계류. 크고 작은 시냇물이 미리부터 머릿속에 떠올랐다.

20분쯤 올랐을까. 눈앞에 백운계곡 자락이 들어왔다. 떨어지는 물보라에서 거친 물안개가 피어났다. 근처에 가니 시원한 소리에 못지않게 온몸이 시원해졌다. 짧은 산행에도 온몸에 땀이 났던 뜨거운 날이었는데도 계곡에 발을 담그자 온몸이 차갑게 자르르 떨렸다.

백운계곡은 광덕산(1.046m)에서 발원하여 박달계곡을 거쳐 흘러내린 물과 백운산 정상에서 서쪽으로 흘러내린 물이 모여서 발달했다. 영평 8경 중 하나인 선유담을 비롯해 광암정, 학소대, 금병암, 옥류대, 선대금 등의 명소가 즐비해 넋을 잃고 보느라 트레킹이 참 재미있다. 이 계곡에서 광덕고개로 넘어가는 길은 주변 경관이 아름다워 드라이브 코스로도 제격이다. 계곡엔 평상 방갈로와 펜션 글램핑장 등이 즐비하다. 능이백숙, 도토리묵, 파전, 닭볶음탕 등을 주문하면 워터파크 부럽지 않은 물놀이가 기다린다. 가끔 바가지 시비를 벌이는 일이 있는 게 흠.

백운계곡 인근에는 도마치계곡이 있는데 예전에 군부대의 사용으로 입장이 통제됐으나 지금은 전면 개방돼 있다. 그러나 중간에 사유지가 많아 차량 통행이 안 되지만 민박이나 펜션을 이용하면 철문의 비밀번호를 알려줘 차를 끌고 계곡까지 올라갈 수 있다.

# 3장

# 한탄강

# 협곡 위를 날아서 영롱한 폭포에 닿다
## : 한탄강 하늘다리, 비둘기낭폭포

한탄강의 주상절리길 중 가장 자주 걷는 코스는 '벼룻길'이다. 부소천협곡에서 멍우리 협곡을 거쳐, 하늘다리와 비둘기낭폭포에 이르는 6.2km의 트레킹 코스. 편도로 1시간 30분 정도, 한탄강을 따라 걸으면서 바라보는 현무암 협곡, 강변길도 좋지만 벼룻길의 으뜸은 아무래도 하늘다리와 비둘기낭폭포다. 시원하게 펼쳐진 협곡의 풍경과 청록색의 영롱한 폭포. 한탄강 트레커들에게 가장 인기가 좋은 그 길 위에 섰다.

멍우리협곡은 높이가 20~40m, 길이가 4km가 넘는 협곡이다. 한국의 '그랜드캐니언'이라 불리는 현무암 협곡. 예로부터 '술을 먹고 가지 마라. 넘어지면 멍이 든다.'하여 멍우리라 불렸다고 한다. 협곡은 약한 지형에 물이나 용암이 흐르면서 해당 지형이 침식되면서 생긴다. 이에 양안의 풍경이 거의 대칭적으로 이뤄지는 것이 보통인데, 멍우리협곡은 양쪽이 서로 다른 특징을 가지고 있다. 한쪽이 절벽의 모양을 하고 있다면, 다른 한쪽은 완만한 산 모양을 이루고 있다. 이는 굽이쳐 흐르는 하천 때문이다. 지도에서 멍우리협곡을 바라보면 하천이 급하게 방향을 틀어 흐르는 것을 볼 수 있는데, 이것이 한쪽 협곡이 침식을 더 많이 받게 된 원인이다.

멍우리협곡을 바라보며 평탄한 둘레길을 1시간여 걷다 보면 하늘다리를 만나게 된다. 한탄강 협곡을 지상 50m 높이에서 조망할 수 있는 곳

이다. 지금까지는 둘레길을 따라 협곡을 옆에서 따라갔다면, 하늘다리에선 공중에서 협곡을 가로질러 갈 수 있다. 하늘다리를 건널 때마다 "하늘을 나는 것 같다"라는 감탄사를 내뱉는 관람객을 만날 수 있다. 다리 가운데는 투명유리로 되어 있어 내려다 보면 머리칼이 쭈뼛 서고 오금이 저려온다. 협곡의 양 끝에만 기둥이 설치된 탓에 발걸음 하나에 다리는 조금씩 흔들리는데, 이 작은 흔들림 덕분에 하늘을 날아서 협곡을 건너는 기분이 드는 것 같다. 워낙 높은 다리이기도 하고. 하늘다리 아래로 내려가 협곡의 아랫부분에서 산책을 할 수도 있다. 밑에서 바라보는 하늘다리의 모습도 장관이다. 단, 다리 아랫길은 우기 등 다양한 이유로 개방되지 않는 날도 있다.

하늘다리에서 좀 더 걸어가면 천연기념물 제537호로 선정된 비둘기

낭폭포를 만날 수 있다. 비둘기낭이란 이름은 주변 지형의 특징을 반영했다. 비둘기 둥지처럼 동그랗고 움푹 팬 주머니 모양과 그런 지형 위로 떨어지는 폭포, 비둘기낭폭포다. 또 현무암 협곡 아랫부분엔 동굴이 형성되기 마련인데, 폭포 주변의 동굴에 비둘기가 많이 살고 있었기 때문에 비둘기낭이라 불린다는 설도 있다.

데크로 된 계단길을 조금만 내려가면 시원한 폭포 소리와 함께 비둘기낭폭포를 만날 수 있다. 협곡의 동굴로 떨어지는 청록색 폭포의 비경. 규모가 작은 폭포지만 청량한 에메랄드빛 폭포의 존재감은 절대 작지 않다. 비둘기낭폭포에서 떨어진 물줄기는 주변 현무암 협곡으로 또 흘러내려 간다. 이 작은 폭포수 때문에 생겼을 계곡. 비둘기낭폭포 아래엔 사람들이 옹기종기 모였다. 시간 가는 줄도 모르고, 영롱한 물빛과 시커먼 동굴 안을 마냥 바라보고 있다. 나도 거기에 섞여서 넋이 나간 듯 서 있었다. 벼룻길을 걸을 때면 늘 보는 풍경이지만 그때그때의 강수량과 날씨에 따라 매번 다르게 느껴진다.

어렸을 땐, 아버지와 친척들이 운천집에서부터 십오 리 길을 솥단지를 들고 와서 이곳에서 씨암탉 서너 마리를 삶아 먹었던 기억이 있다. 그리고 나선 비둘기낭 물에 풍덩 뛰어들어 사촌과 좋은 시간을 보냈다. 추억이 서려 있는 이곳, 지금은 천연기념물이라 몸을 담그진 못하지만, 비둘기낭폭포를 볼 때마다 그때가 떠오른다.

# 5억 년 전으로 거슬러 떠나는 지질여행
## : 한탄강 지질공원

한탄강은 내가 태어난 포천 영북면 운천리를 지난다. 여름 장마 후에 생긴 웅덩이 물을 퍼내고 쏘가리, 메기, 장어 등을 맨손으로 건져 잡았었다. 10리가 넘는 길을 땀으로 목욕을 하면서 고기 잡은 양동이를 들고 낑낑대고 집에 돌아오면, 어머니가 고추장과 쌀뜨물을 넣고 매운탕을 끓여주셨다. 아련한 한탄강의 추억, 아직도 물고기와 다슬기는 살고 있을까?

한탄강은 북한 강원도 평강군에서 발원해 140km를 흐른다. 남한 한탄강 유역 중 절반인 40km가 포천시와 접해 있다. 강이 만들어낸 아름다운 자연은 지질학적 가치를 인정받아 국가의 관리를 받고 있다. 자연의 보고인 한탄강 지질공원. 이곳을 둘러보며 5억 년 전으로 거슬러 올라가 보자.

지구 역사에 있어 지질학적 중요성을 가진 지역은 지질공원으로 지정된다. 한탄강은 2015년 우리나라에서 7번째 지질공원으로 선정됐다. 2018년에는 포천시를 비롯해 연천군과 철원군이 협약을 맺어 유네스코에 세계지질공원 인증 신청서를 제출했다. 2019년에는 국내 유일의 지질공원 박물관인 한탄강 지질공원센터가 포천에 개관했다.

한탄강을 따라 만들어진 트레킹 코스는 독특한 경관으로 관광객의 발

길을 끈다. 10개의 코스 중 벼룻길과 둘레길, 어울길, 한탄강 주상절리길은 포천에 걸쳐 있다.

벼룻길에서는 멍우리협곡과 비둘기낭폭포를 볼 수 있다. 멍우리협곡은 30~40m의 현무암 주상절리 절벽이 특징이다. 비둘기낭폭포는 천연기념물 제537호로 지정됐다. 〈추노〉, 〈늑대소년〉 등 다양한 드라마와 영화를 촬영지로 애용된다.

어울길은 멍우리나들길에서 교동가마소로 이어진다. 걷다 보면 명승 제93호로 지정된 13m 높이의 화강암인 화적연을 볼 수 있다. 화적연은 화강암 바위가 마치 볏단을 쌓아 놓은 것 같다 하여 붙여진 이름이다. 조선 후기 진경산수화의 대가 겸재 정선이 금강선 유람길에 이곳에서 작품을 남기기도 했다. 영험한 기운이 있다 하여 조선시대 때 기우제를 지내기도 했다. 종착점인 교동가마소는 포천 8경에 속하는 절경이다. 이곳으로 흘러들어온 용암은 다른 계곡보다 천천히 식으며 상대적으로 더 큰 주상 밸리가 만들어졌다. 오랜 세월 하천이 흐르며 암석 틈 사이가 깎여 가마솥을 뒤집은 듯한 모양이 됐다.

한탄강 생태 탐방로는 4코스로 나뉜다. 1코스인 한탄강 탄생길은 한탄강의 변천사와 형성 과정을 알 수 있는 코스다. 2코스 한탄강 감상길에서는 수려한 경관을 감상할 수 있다. 특히 이곳은 장애인도 이용하기 편하게 무장애 구간으로 되어 있다. 아름다운 자연을 더 많은 사람이 즐길 수 있어 다행이다. 3코스 한탄강 자연길은 강에 서식하는 주요 동식물 등을 구경할 수 있다. 강에는 헤엄치는 물고기가, 산을 보면 이름 모를 새들이 날아다니는 모습을 쉽게 볼 수 있다. 4코스 한탄강 8경길을 걸으면 진정한 한탄강의 비경을 느낄 수 있다.

한탄강 주상절리길은 포천, 철원, 연천 접경 지역을 따라 조성됐다. 이곳은 특히 천연 협곡과 주상절리를 가까이 볼 수 있어 관광객에게 인기

다. 포천 쪽에는 천연기념물 제542호인 아우라지 베개용암을 볼 수 있다. 아우라지는 두 갈래 이상 물길이 만나는 어귀를 뜻한다. 베개 용암은 현무암 모양이 마치 동글동글한 베개 모양처럼 생겨 붙여진 이름이다. 베개 용암은 주로 바다에서 볼 수 있는데 드물게 육지에서 발견됐다.

수억 년에 걸쳐 자연이 만들어낸 예술작품 한탄강 지질공원. 사시사철 맑은 물과 풍부한 수량은 각종 민물고기와 철새의 보금자리 역할도 톡톡히 한다. 한탄강 지질공원을 걸을수록 인간은 감히 만들어낼 수 없는 자연의 웅장함과 아름다움에 경외심이 든다.

## 절벽 아래에서 올려본 웅장한 협곡

### : 대교천 현무암 협곡

포천의 최북단. 그곳엔 천연기념물 제436호인 대교천 현무암 협곡이 있다. 한국의 그랜드캐니언이라 불릴 정도로 아름다운 협곡이다. 두꺼운 기둥 모양의 주상절리, 그리고 그 아래를 세차게 흐르는 강. 다른 곳에서 보기 어려운 풍경이다. 강원도 철원군 동송읍과 포천시 관인면 냉정리에 걸쳐 있다.

대교천은 철원의 남쪽에서 동서로 평야를 가로지른다. 철원 고석정 부근에서 한탄강 본류와 만나게 되는데, 여기엔 양쪽 절벽이 현무암으로 이뤄진 협곡이 있다. 길이 약 1.5km, 두께는 25m 정도의 웅장한 규모의 현무암 절벽이다. 대교천 현무암 협곡은 희귀하고 신비한 풍경을 가지고 있어 2004년에 천연기념물로 지정되었으며 포천 8경 중 제1경으로도 선정됐다.

이 협곡에서는 다양한 절리가 발견된다. 단면이 다각형 모양의 긴 기둥 모양인 주상절리, 지표면에 평행한 동심원 모양으로 발달되는 판상절리, 그리고 부채꼴 모양의 방사상절리. 3매의 용암이 겹쳐 형성되면서 다양한 지형을 가지게 됐다.

한탄강에 이러한 현무암 협곡이 만들어진 것은 약 27만 년 전. 한반도

의 다른 지형과 비교하면 비교적 늦게 만들어졌다. 한탄강 일대는 용암이 넓게 흘러나가면서 평원을 형성했다. 근처의 철원평야를 떠올리면 된다. 철원평야를 만든 것은 신생대 4기에 분출된 용암이다. 이후 이런 용암평원의 약한 부위에 물이 흘러 침식작용이 일어나게 되는데, 그것이 지금의 좁고 깊은 협곡을 만들게 됐다.

누구라도 이 현무암 협곡을 눈앞에 마주하게 되면 그 여운이 오래도록 남을 것이다. 내 작은 몸뚱이 앞에 무서운 기세로 웅장하게 서 있는 현무암 절벽. 주위를 가득 채운 자연스러운 풀과 나무숲의 풍경에서 엄청난 위엄과 압박감도 느끼게 된다.

이렇게 대단한 풍경을 가진 이곳을 찾아가는 데는 큰 문제가 하나 있다. '경기 포천시 관인면 냉정리 1133'이란 주소를 명확하게 찍고 찾아가도 잘 찾을 수 없다는 것. 좁은 자동차 도로를 무심히 지나다 보면 순식간에 강원도 철원으로 직행하게 된다. 평지 위로 난 도로 위를 달리다 보면 '과연 이런 곳에 협곡이 있기는 할까?'란 의구심도 들게 된다. '냉정리 1133'이 가리키는 곳은 그냥 도로 한복판이다. 포천의 1경, 포천의 천연기념물을 찾기 위해선 상당한 노력이 필요하다.

냉정리에 있는 솔 펜션 맞은편엔 풀숲으로 들어가는 아주 작은 입구가 하나 있다. 그곳이 바로 '대교천 현무암 협곡'으로 내려가는 길이다. 대교천 협곡을 알리는 표지판은 무성히 자라난 풀숲에 가려 그 존재도 알기 어렵다.

탐방로도 풀과 나무에 가려져 협곡으로 가는 길을 찾는데 꽤 애를 먹었다. '이 길로 내려가다 실족사하는 것이 아닐까?' 걱정을 하며 조심조심 걸었다. 이런 무성한 숲에선 멧돼지라도 나올 수도 있겠다 싶었다. '천연기념물' 맞은편 자리에 있는 사격장을 지나, 무작정 아래로 내려갔다. 긴가민가하며 한참을 내려가자 강변에 닿았다. 강의 맞은편으론 올려보기도 힘든 웅장한 현무암 협곡이 있다. 무심히 자동차로 달리던 자동차 도로 옆으로 이런 어마어마한 절벽이 있었던 것.

차갑게 흘러가는 강물과 협곡의 위압감은, 한 여름의 더위를 잊게 만든다. 풍경에 너무 압도된 나머지 발걸음 하나 옮기기가 힘들었다. 이대로 강물에 쓸려가든, 아름다운 주상절리에 홀리든, 어떻게든 이곳에서 빠져나오기가 힘들 것 같았다. 한참을 그렇게 가만히 서 있다가, 다시 숲길을 개척해서 도로로 올라왔다. 조만간 탐방로가 잘 마련되었으면 좋겠다. 많은 사람들이 포천의 현무암 협곡을 편하게 관람할 수 있길 바란다. 협곡의 바닥에서, 그 웅장한 절벽의 경관을!

대교천에서 철원 쪽으로 조금만 올라가면 임꺽정의 고사가 녹아 있는 고석정이 있다. 협곡 사이에 외로이 서 있는 바위. 그곳에선 협곡 사이를 흐르는 강을 보기도 좋고, 배를 타고 협곡을 흐르는 강 위를 유유자적하게 떠다닐 수도 있다. 대교천 현무암 협곡과 고석정, 포천과 철원에서 절대 놓치면 안 될 비경 중의 비경이다.

4장

# 산정호수

## 호숫가 둘레길 산책
### : 산정호수

어릴 때 동네 친구들과 산정호수로 스케이트를 타러 자주 왔었다. 한참 놀고 난 뒤에 배가 고파서 어머니가 주신 차비를 다 털어 간식을 사 먹고 집까지 친구들과 추위에 오들오들 떨면서 십 리 길을 걸어왔던 추억이 있다. 오랜만에 찾아온 어린 시절 추억의 장소는 여전히 수려한 풍경을 자랑하고 있었으나 그 진입로와 주변 인프라는 30, 40년 전 그대로여서 안타까웠다.

포천시 영북면 산정리에 자리하고 있는 산정호수는 일제 강점기였던 1925년에 농업용수 저수지로 만들어졌다. 전체 면적 15.37$km^2$로 호수의 삼면을 여러 산들이 둘러싸고 있는데, 그 모습이 마치 '산속에 있는 우물' 같다고 하여 '산정(山井)'이란 이름이 붙었다. 농업용 저수지로 만들어졌지만 수려한 경치 덕분에 관광지로 유명해졌고, 1977년 국민관광지로 지정되면서 연 방문객 150만 명에 이르는 포천의 대표 관광지로 자리 잡았다. 뛰어난 풍광의 호수 바로 옆에는 억새축제로 유명한 명성산도 있고 인근엔 반딧불이가 발견되는 등 청정 자연도 잘 보존되어 있어 이 지역 전체가 관광자원의 보고와 같다고 할 수 있다. 이곳에 별을 관측할 수 있는 천문대와 반딧불이 서식지 등을 만들고 싶다.

호수가 관광지로 지정되었지만 여전히 본래 목적인 농업용 저수지의 역할도 하고 있다. 인근 농가에 물이 부족할 때면 이곳의 물을 끌어다 논밭에 댄다. 이 때문에 가뭄이 심해지면 저수지 수위가 내려가는 일이 종종 있는데, 그럴 때면 호수를 찾는 관광객이 줄어들어 인근 관광업계에 타격이 생기곤 한다. 이런 점을 해결하기 위해 농어촌공사에서는 2015년부터 대체수원공 개발 공사를 진행하고 있다. 농어촌공사는 한탄강 물을 끌어와 영북뜰의 농업용수 문제를 해결하고, 호수 수위가 내려가 관광지 경관이 훼손되는 것도 막겠다는 계획이다. 하지만 아직 공사가 완공되지 않아, 여름 가뭄이 심했던 올해 7월에도 호수가 바닥을

드러냈다. 하필 여름휴가 성수기 즈음이어서 호수 주변 관광업에 타격이 더 컸다. 다행히 8월엔 강수량이 많았던지라, 오랜만에 찾아 간 호수엔 물이 가득차 있었다. 호수 위로 튀어오르는 커다란 물고기도 여러 마리 보였고, 인근 명성산에서 호수로 유입되는 계곡 물도 꽤 많아 보여 다행이다 싶었다. 호수에서는 모터보트와 오리보트 등 수상 물놀이도 다양하다.

산정호수의 백미는 역시 호수 가장자리를 따라 이어져 있는 둘레길이다. 전체 길이 4km 정도의 둘레길은 크게 삼각형 모양인데, 각각

1.4km, 1km, 1.6km로 이루어져 있다. 셋 중 가장 긴 길은 궁예 코스라고도 부른다. 길을 따라 궁예의 일대기가 전시되어 있고 말 탄 궁예의 동상도 만나볼 수 있다. 두 번째로 긴 수변길은 길의 절반 이상이 호수 위를 직접 지나가는 나무데크 길이다. 탁 트인 시야 덕분에 호수에 비친 망무봉과 책바위의 그림자를 마음껏 감상할 수 있다. 길 중간에선 옛 '김일성 별장터'를 만날 수 있는데, 사실 이곳이 정말 별장터인지에 대해서는 의견이 분분하다.

별장터를 지나 조금 더 걸으면, 비둘기가 그려진 작은 팻말을 만날 수 있다. '평화의 쉼터'다. 평화의 쉼터는 6·25 당시 이곳이 전투 지역이었음을 알리고, 전사자들의 넋을 기리기 위해 조성한 작은 안보 공원이다. 2008~2011년까지 진행된 유해발굴 사업을 통해 인근에서 136위의 유해를 수습하고 유물 300여 점을 발굴했다. 평화로워 보이는 풍경이지만, 이곳에서 치열한 전투가 있었음을 기억하니 풍경이 조금 다르게 보인다.

# 리조트에서 느끼는 큰 행복

## : 한화리조트 산정호수 안시(Annecy)

---

리조트에서 보내는 바캉스, 리캉스가 최근 인기다. 리캉스가 인기 있는 이유는 복잡한 도시를 벗어나 자연 속에서 아무런 방해 없이 조용하게 시간을 보낼 수 있기 때문이다. 맑고 깨끗한 산정호수를 끼고 있고 물 좋은 온천도 즐길 수 있는 산정호수 한화리조트 안시로 리캉스를 떠나보자.

---

재미있게 놀거나 편안히 쉴 수 있는 시설을 갖춘 곳. 바로 리조트다. 리조트로 떠날 때면 특별한 일정을 세우지 않아도 되기 때문에 좋다. 산이 있으면 산에 오르고, 바다나 강이 있으면 근처를 걷는다. 날씨가 맑아도 좋고 흐려도 좋다. 리조트 시설 이곳저곳에 식사, 오락, 휴양 등을 한 번에 즐길 만한 곳도 많다.

한화리조트 산정호수의 정확한 이름은 한화리조트 산정호수 안시(Annecy)다. 1996년 한화콘도로 개장해 2013년 대규모 리모델링 후 '한화리조트 산정호수 안시'라는 이름을 붙였다. 안시는 아름다운 호수가 유명한 프랑스 휴양도시다. 해발 447m에 있는 안시 호수는 잘 보존된 자연 속에서 여유로운 산책을 즐길 수 있어 알프스의 베네치아라 불린다.

한화리조트에서 15분 정도 걸어가면 산정호수 산책길이 있다. 시원한 바람을 맞으며 호수 주변 둘레길을 걸었다. 산정호수는 사계절 다른 매력을 가지고 있다. 호수를 둘러싼 나무에서 돋아나는 푸른 잎과 청명한 호수가 한껏 싱그러운 봄. 탁 트인 호수 위에 오리 배가 둥둥 떠다니며 한결 경쾌해진 여름. 울긋불긋한 단풍이 호수를 감싸는 가을은 한 폭의 수채화 같고, 꽁꽁 언 겨울 호수는 한겨울의 추위를 오감으로 느끼게 한다. 모든 계절에 다 좋은 산정호수. 나는 새 생명이 느껴지는 봄의 호수가 좋다.

온천으로 향했다. 온천은 지하수가 지열로 데워져 지표로 용출된다. 나라마다 온천으로 정하는 물 온도가 조금씩 다른데 우리나라는 25도 이상이면 온천이라 부른다. 그래서 생각보다 뜨겁지 않은 곳도 있다. 온천수는 보통 PH 수치, 즉 수소 이온 농도를 기준으로 분류한다. 한화리조트 온천은 700m 지하에서 PH 7.5~8.5 사이인 약알칼리성 온천수가 나온다. 알칼리 성분은 아토피 각질을 벗겨내고 보습 작용을 한다. 또, 피부 염증에도 효과적이다. 그래서인지 이곳의 온천수는 다른 온천보다 물이 미끄럽다. 아주 잠깐 물에 있었는데, 평소 거친 피부가 확연히 매끈해졌음이 느껴진다. 비누칠이 필요 없을 정도다. 신기해서 계속 문질러 본다.

객실로 올라와 잠시 여유를 가졌다. 적당히 배가 고파질 때쯤 리조트 레스토랑에서 식사하고 지하로 내려가 탁구, 당구, 다트 등을 즐겼다. 다시 객실로 올라와 아내와 소소한 대화를 하며 하루를 마무리했다.

새벽에 눈 뜨자마자 다시 온천으로 향했다. 이곳 온천은 포천시장이 출근 전 매일 들르는 곳으로 유명하다. 산정호수 한화리조트는 시설도 깔끔하고, 객실도 깨끗하고 편하다. 하지만 내가 이곳을 종종 찾는 가장 큰 이유는 역시 온천이다. 새벽 온천은 아무도 없어서인지 낮과 달리 고요하다. 물소리만 들린다. 눈을 감으니 산속 깊은 온천에 홀로 있는 듯하다. 잔잔한 물의 흐름에 몸을 맡긴 채 명상에 잠긴다. 이 순간만큼은 내가 이 세상 가장 고요한 사람이다.

## 산정호수 둘레길 산책 후 즐기는 건강밥상

### : 산정호수 맛집

풍경을 즐기며 산정호수 둘레길을 한 시간 이상 걷고 나니 슬슬 허기가 진다. '식당이 많았는데, 어디로 가지?' 호수 입구의 맛집 거리로 향하는 발걸음을 따라 즐거운 고민이 시작된다.

포천의 대표 관광지 산정호수가 국민관광지로 지정되고 관광객이 몰리기 시작하면서, 호수 인근엔 자연스럽게 식당이 생기기 시작했다. 하나 둘 들어서던 음식점이 점점 많아져 이제는 아예 먹거리 촌을 이룰 만큼 식당이 많아졌다. 상동 주차장과 하동 주차장 인근 식당, 호수 둘레길 중간에 있는 '허브와 야생화 마을'의 식당 등을 모두 합치면 서른 곳이 넘는다. 대부분 한식이나 이동갈비를 판다.

많은 식당이 단일 메뉴보다는 여러 종류의 음식을 다 같이 파는데, 어떤 곳은 메뉴가 30개 가까이 된다. 그래도 역시 가장 인기 있는 음식은 산채비빔밥, 매운탕, 이동갈비 등이다. 포천이 이동갈비로 유명하니, 호수나 산을 찾았던 사람들이 식당에서 이동갈비를 자주 찾아 거의 모든 식당이 메뉴에 이동갈비를 올렸다. 우렁쌈밥이나 된장찌개, 초무침 등의

우렁이 요리나 빨갛게 양념해서 구워내는 더덕구이, 여러 가지 나물을 넣고 비비는 산채비빔밥, 능이버섯을 넣고 푹 끓여내는 능이백숙도 인기다. 산정호수 먹거리촌 대부분 식당이 이 다섯 가지 메뉴를 가지고 있고, 찾는 사람도 많으니 나름 이곳의 대표 메뉴라 할 수 있겠다. 물론 모든 식당이 다 수십 가지 메뉴를 파는 것은 아니다. 상동 주차장 인근의 '이모네'는 우렁이 요리만 전문으로 한다. 튼실한 우렁이를 잔뜩 넣고 구수하게 끓여낸 우렁이 된장찌개와 새콤하게 무친 우렁이 초무침이 가장 잘나가는 메뉴다. 하동 주차장 근처의 '산비탈 식당'은 순두부 전문점이

다. 이곳은 특히 두부버섯 전골이 유명하다. 산정호수가 관광지이고 이동갈비나 백숙 등의 메뉴를 취급하는 식당이 많아 음식 값이 비쌀까 걱정하는 사람이 많은데, 대부분의 식당에서 산채비빔밥이나 우렁이된장 같이 가격 부담 없이 먹을 수 있는 식사 메뉴를 찾을 수 있다. 식사 메뉴 가격은 1인 기준으로 대략 1만 원에서 2만 원 사이이다. 호수에서 자인사 가는 쪽으로는 허브차와 교황빵을 파는 '허브와 야생화마을' 카페가 있는데 양대종이라는 젊은 이장이 운영한다. 이동갈비로 유명한 '금수강산', '금산가든', '우목정', 능이백숙이 별미인 '왕진식당', 주인의 손맛이 뛰

어난 '바위식당' 등은 토속음식과 닭백숙이 잘 알려져 있다.

이곳에는 펜션이 즐비한데 터줏대감 격인 '산내들리조트' '아빠의 숲' 등은 휴가철엔 두 달 전에 예약해야 될 정도로 인기가 있다.

먹거리 촌으로 들어가니 입구에 달린 현수막이 바로 눈에 띈다. "산정호수는 호객행위를 절대 하지 않습니다." 정말 골목을 다니는 동안 호객행위를 하는 식당을 볼 수 없었다. 호객행위 금지 외에도, 식당가 인근에 화장실 건물을 따로 두고 깨끗하게 관리하고 있는 모습을 보며 산정호수 식당들이 관광객의 편의를 위해 많은 노력을 하고 있음을 알 수 있었다.

식당에 들어가 산채비빔밥을 시켰다. 12,000원에 나물무침 열두 가지와 우렁이와 버섯이 듬뿍 들어간 된장찌개가 나온다. "고추장은 우리집에서 직접 담갔어요. 짜니까 조금만 넣어 드세요." 상을 차려주던 사장님이 친절하게 덧붙인다. 나물을 양푼에 넣고 참기름, 고추장에 비빈 비빔밥과 싱싱한 우렁이가 잔뜩 들어간 된장찌개를 한 숟갈 뜨니, 감탄사가 절로 나온다. 자연이 좋은 곳에서 건강한 음식을 먹으니 더 맛있게 느껴진다. 먼저 왔던 사람들도 나와 같은 마음이었던 것 같다. 식당 벽에는 온통 맛있게 잘 먹었다는 손님들의 방명록이 가득하다. 나도 한 줄 써야겠는데 이런, 빈자리가 안 보인다.

5장

# 성당 / 절

✝

# 평화를 향한 걸음

## : 포천성당과 천주교 성지순례 길

---

매주 일요일 오전 7시 미사에 참례하기 위해 포천성당에 간다. 오전 11시 교중미사가 가장 엄숙하고 좋지만 주일행사가 많기 때문에 좀 서둘러 새벽에 집을 나선다. 내 본명은 사도행전 10장에 나오는 외국인 대장인 코르넬리우스. 다들 처음 듣는 본명이고 외우기 어렵다고 하신다. 현재 내 교적은 포천 본당에 있다. 역사 깊은 포천성당과 성지순례 코스를 이야기해 보려고 한다.

---

포천 시청 뒤쪽으로 가다 보면 언덕길로 오르는 길이 여럿 보인다. 아파트로 들어가는 길도 있고 왕방산으로 오르는 길도 있다. 그리고 그 오르막 중 하나는 포천 성당으로 들어가는 길이다.

1801년 신유박해 때, 홍교만 프란치스코 하비에르, 홍인 레오 부자가 포천에서 순교했다. 그 이후로 오랫동안 공소로 설정되었다가 6·25 전쟁 이후 포천 일대에 주둔하고 있던 이한림 장군의 주도 하에 성당이 건립됐다. 그의 공병대가 주도해서 지은 고딕 양식의 강당형 석조건물. 돌로 지은 성당의 전형적인 특징인 종탑과 아치형 창호를 잘 살린 건물이다. 1990년에 불이 나서 지붕과 나무 마룻바닥이 모두 다 타버렸다. 하지만 종교적으로도 건축사적으로도 가치 있는 건물인 탓에 2006년, 경기도 북부지역의 등록문화재 제271호로 등록되었다.

지금은 '옛 성당'이라 불리는 이곳은 어느 정도 복원이 진행되었다. 지붕도 다시 얹었고 성전 내 제대도 다시 만들었다. 제대 위로는 십자고상도 설치했다. 온몸에 화상을 입은 작가가 만든 철사로 만든 십자고상이다. 십자가 위에서의 고난이 직접적으로 느껴지는 철제 고상이었다. 사실 새 성당이 만들어졌으니 옛 성당 터는 터대로 남겨두어도 좋겠다고 생각한 적이 있다. 그래도 지붕 없이는 붕괴나 훼손의 위험이 있기도 하고, 문화재로 지정되었으니 복원해서 보존해야 했겠다.

새 성당으로 이동했다. 매주 오는 곳이지만, 미사가 없는 날 이렇게 방문하니 느낌이 새롭다. 성전 안으로 들어섰다. 성호를 긋고 맨 마지막 줄

의자에 앉아 성전을 가만히 바라봤다. 오른쪽으로는 홍인 레오 부자의 사진이 걸려 있다. 이 사진 두 점은 지금의 천주교가 있기까지 애쓴 성인과 복자들을 기리는 마음을 가지는 데 많은 도움이 된다. 새 성당도 옛 성당의 강당형 구성을 그대로 이은 것 같다. 채광도 좋다. 붉은 벽돌로 소박하게 만든 벽, 화려한 꾸밈없이 단아하게 구성한 성전이 참 좋다. 성전에서 한참 시간을 보내고 마당으로 나왔다. 멋진 소나무 앞의 성모상과그 옆에 마련된 초 봉헌대가 많은 이들의 소망을 가늠케 한다.

포천 성당은 박해 시절부터 한국전쟁, 화재에 이르기까지 다양한 일을 겪었다. 끔찍하고 힘겨웠던 시절을 견뎌냈다. 현재 주임신부로 계신 오세민 루도비코 신부님은 포천 성당과 홍인 레오 순교터와 감옥터, 이벽 선생의 생가와 묘지터를 포천 성지순례길로 조성하는 데 힘을 쏟고 있다.

"춘천교구와 포천시와 함께 성당 신자들이 힘을 모으고 있습니다. 천주교 역사에서 순교한 분들을 잘 기리기 위해서요. 그분들 덕에 우리가 이렇게 좋은 환경에서 신앙생활을 할 수 있는 것 아니겠습니까. 또 종교적 의미를 초월해서 역사적으로도 의미가 있는 사건이니까 순교터와 감옥터 등을 잘 보존하는 것은 꼭 필요한 일이지요."

오세민 루도비코 신부님은 네 형제가 신부라는 좀처럼 깨기 힘든 기록을 갖고 계신다. 신심뿐만 아니라 인품이 좋으셔서 신자들의 존경을 받고 있다. 운천 성당의 오대석 바오로 신부가 조카다.

성체회 등 성당 내 각종 모임의 카톡방에 매일 오늘의 말씀을 올리고 '주님의 빛 속에 걸어가자'하는 가르침을 몸소 실천하고 있다.

우리나라는 자발적으로 천주교를 받아들인 유일한 국가다. 선교자에

의해 교리가 전파된 것이 아니라, 중국과의 교류 중에 천주교 교리에 관한 서적을 읽게 된 몇몇 신자들에 의해 자생적으로 발전했다. 이 과정에서 광암 이벽 선생이 큰 역할을 했다. 이벽은 포천 출신의 높은 가문의 후손이다. 정약용, 이승훈과도 깊은 교우관계를 유지하던 사이였다.

한국 천주교 운동의 시발점을 만들어 낸 이벽 세자 요한. 그의 생가와 묘가 포천에 있다. 2019년 8월을 기준으로 이곳은 아직 재정비하기 전이다. 그의 생가는 폐가처럼 보이고, 잡초와 거미줄이 무성한 상태다. 바람이 불 때마다 끼익 소리를 내는 문 때문에 으스스한 기분이 들기도 한다. 최근, 춘천교구와 포천시가 이곳을 성지로 만들기 위해 애쓰고 있다. 이벽 세자 요한을 복자로 추대하는 것도 추진하고 있다. 조만간 이벽 생가와 묘가 복원되고 정비될 것이다. 기념관 건립도 서두르고 있다. 포천경찰서 옆 홍인 레오 부자의 순교터는 잘 정비돼 있다. 홍인 레오 부자가 모진 고문을 당했던 당시 감영(현 군내면사무소)을 방문하면 성지 방문 스탬프와 기념품을 받을 수 있다. 빠른 시일 안에 많은 성지순례객이 방문하여 이벽 선생과 홍인 레오 부자를 기릴 수 있기를 기원한다.

## 가평에서 가장 오래된 사찰, 우리 역사와 함께해온

### : 현등사

---

현등사를 찾은 건 꽤 이른 시간이었다. 푸른 나무 그늘이 드리운 산길로 발을 들였다. 주차장에서 현등사까지 빨리 가면 30분에도 오를 길이지만 오늘은 시원한 그늘과 계곡 소리를 즐길 생각으로 천천히 걸음을 옮겼다. 길의 초입. 높이 솟은 나무들 사이로 운악산 표지석과 '운악산 현등사'라고 쓰인 일주문이 보인다.

---

신기하게도 일주문에 세로로 달린 현판 글씨가 한글이다. 삼국시대부터 이어져 내려오는 아주 오래된 곳, 부처님 진신사리를 모시고 있는 사찰. 고고함으로 가득한, 오래된 세월의 표징을 만나게 될 거라고 생각했던 절의 입구에서 한글 간판을 만나니 친근감이 들었다. 일주문 옆으로 비석 몇 개가 보인다. 조선 말기 일본에 항거한 세 명의 충신인 조병세, 민영환, 최익현을 기리기 위해 1910년 당시 현등사 주지승과 가평 유지들이 만들었다는 삼충단이다.

현등사는 가평에서 가장 오래된 절이고, 역사를 따지자면 삼국시대까지 거슬러 올라가야 한다. 정확한 창건 연대는 알 수 없지만 신라 법흥왕 시절, 불교 공인 이후인 540년경으로 추정한다. 부처님의 진신사리와 대장경을 가져온 인도의 승려 마라하미를 위해 지어졌다고 전해진다. 그 뒤 폐허가 되었던 절을, 고려의 도읍을 정했다는 도선대사가 다시 세우고 '운악사'라고 불렀다. '현등사'라는 이름은 고려시대에 생겼다. 지눌국사가 꿈에 등불을 보고 절을 찾아왔을 때 폐허가 된 절에서 등불이 밝게 빛나고 있었다고 하여 '현등사'라고 불렀다. 또한 조선시대 세종대왕의

한글 창제 때, 불경을 한글로 써낸 것으로 유명한 신미대사가 머물던 절도 이곳 현등사다. 삼국시대부터 조선시대까지 수많은 고승들이 머물던 사찰은, 오랜 세월만큼 많은 이야기를 품고 있었다.

삼국시대 불교의 공인, 신라의 중흥과 고려의 탄생, 한글 창제, 그리고 조선 말기 일본에 항거하던 순간까지, 현등사는 사라질 듯 사라지지 않고 역사의 굵직한 순간들과 함께했다. 내려오는 길, 조용하던 등산로가 어느새 사람들로 북적인다. 언제나와 같이, 현등사는 그 자리에 서서 사람들을 맞이한다.

# 포천에서 뛰어놀았던 오성과 한음

## : 용연서원과 화산서원

"이 주먹이 누구 주먹이오?"
권율의 집으로 넘어간 오성의 감나무 가지. 본인 집으로 넘어온 감나무는 본인의 것이라던 권율을 추궁하기 위해, 권율의 방에 주먹을 찔러 넣었다. "이 주먹은 네 주먹이다"라는 답을 듣고 감을 다시 되찾은 오성. 어렸을 때 우리를 즐겁게 해주었던 해학문학의 주인공인 오성과 한음. 그들의 흔적을 포천에서 찾아보자.

오성과 한음은 조선시대의 유명한 문신이었다. 그런 사실은 잘 모르더라도 그들의 어렸을 적 이야기를 모르는 사람은 거의 없다. 동화책으로 구전으로 그들의 우정과 현명함에 관한 에피소드를 많이 들었을 것이다. 두 사람은 임진왜란이 터졌을 때 국난을 극복하기 위해 애썼고 광해군 집권 시절엔 권력싸움에 휘말리게 됐다. 한음 이덕형은 관직을 박탈당했고, 오성 이항복은 관직을 빼앗기고 유배되어 사망했다. 그들을 배향한 곳이 우리 포천에 있다.

포천시 신북면 신평리엔 경기도 유형문화재 제70호, 용연서원이 있다. 이곳은 한음 이덕형을 배향한 곳으로 1691년에 건립됐다. 서원 근처에 있는 연못의 이름을 따서 '용연서원'이라 이름 지었다. 용연서원은 흥선대원군이 내린 서원 철폐령에 살아남은 몇 안 되는 서원 중 하나다. 고

종실록에 따르면 대원군은 전국에 서원 철폐령을 내려 전국의 서원을 몇 곳만 남기고 모두 철폐하도록 했다. 서원이 당파싸움의 원인이 된다는 이유였다. 서원 내에는 사당, 강당, 동재, 서재 등의 건물이 있었는데 6·25 전쟁으로 소실되었다. 지금은 본래에 있던 사당과 1986년에 복원한 강당으로 구성되어 있다. 문화재로 지정되어 보호 대상인 탓에 출입은 금지되어 있다.

포천시 가산면 가산로엔 화산서원이 있다. 오성 이항복을 배향한 곳이다. 1631년, 포천의 유림들이 이항복의 학문과 덕행을 추모하기 위해 사당을 만들었다. 처음엔 '백사서원'이라 칭하다가 '꽃의 산'이란 지명을 따와서 '화산서원'이라 이름 지었다. 화산서원은 대원군의 서원 철폐령 때 소실되었다. 지금의 서원은 1971년에 복원한 것이다. 현재 오성의 영정과 위패를 모신 사당과 동재, 서재로 구성되어 있다. 이곳은 경기도 기념물 제46호로 지정되었으며 용연서원과 같이 출입이 불가하다.

오성과 한음에 대해 흔히 알려진 얘기는 '설화'다. 입에서 입으로 전해진 얘기로 실제 있었던 에피소드도 있고, 꾸며진 이야기도 있다. 사실 오성은 소년 시절엔 부랑배의 우두머리 생활을 하기도 했는데, 곧 학업에 매진했다. 25세 가을, 문과에 급제해서 병조판서를 다섯 차례나 지냈다. 우의정과 영의정까지 올랐다. 한음은 어려서부터 점잖았고 문학에 뛰어난 재주를 보였다. 20세가 되었을 때 문과에 급제해 이조판서, 병조판서, 우의정, 좌의정을 거쳐 영의정까지 올랐다. 오성과 한음이 실제로 친분을 쌓기 시작한 것은 관직생활을 시작하면서부터다. 어릴 적 친구는 아니지만 돈독한 우정을 가지고 있었고, 설화에 전해지는 것만큼 서로를 아꼈다고 한다. 설화처럼 오성은 짓궂었고 한음은 신사적이었다.

포천시는 시를 홍보하는 캐릭터로 오성과 한음 이미지를 사용하고 있다. 포천시에서 이름이 난 현명하고 어진 두 사람을 시를 대표하는 캐릭터로 선정한 것이다. 오성 이항복의 할아버지와 아버지가 포천에 살았고, 한음 이덕형의 외가가 포천이라는 인연도 한몫을 했다. 어린이들에게는 꿈과 희망을 주고 어른들에게는 향수를 불러일으키는 오성과 한음. 포천에서 한 시절을 보냈을 그들을 떠올리며 두 서원을 방문해보자.

# 궁예의 혼을 위로하는

## : 명성산 자인사

"내가 이 세상에 미륵이니라." 스스로 미륵불임을 자처하며 새로운 세상을 꿈꾸던 궁예. 그가 왕건에게 패배하고 도망쳐 마지막을 보낸 장소가 명성산이다. 그래서인지 명성산은 궁예의 이야기가 산을 가득 채운다. 저승에서나마 궁예가 꿈꾸는 미륵세계를 이룰 수 있도록 기원하는 자인사를 찾았다.

자인사(慈仁寺)는 경기도 포천시와 강원도 철원군을 잇는 명성산 자락에 있다. 서울 종로구 명륜동에서 창건된 자인사는 1964년 지금의 위치인 포천시 영북면으로 이전했다. 현재 주지스님은 철견 주지스님이다. 자인사라는 이름은 궁예의 미륵세계를 상징하는 자(慈)와 영계에서나마 궁예와 왕건의 화해를 기원하는 인(仁)을 의미한다.

자인사뿐 아니라 명성산에는 궁예에 대한 다양한 이야기가 전해진다. 명성산(鳴聲山)이라는 이름도 궁예가 왕건에게 패하고 달아나 이곳에서 신세를 한탄하며 크게 울었다고 하여 붙여진 이름이다. 궁예가 나라 잃은 슬픔에 눈물을 쏟은 뒤 솟아났다는 궁예 약수는 극심한 가뭄에도 마르지 않기로 유명하다. 명성산 정상에는 궁예 바위가 있다. 명성산이 한눈에 보이는 이곳에 궁예가 앉아 군사를 지휘했다는 전설이 있다. 최근

명성산자인사

에는 궁예가 200명의 군사와 함께 머물렀을 것으로 추정되는 궁예왕굴도 발견됐다.

절에 들어서면 대웅전 뒤로 깎아지른 듯한 암벽이 병풍처럼 서 있다. 자인사는 명성산의 기운을 그대로 받아 풍수지리적으로 명당으로 평가받는다. 절 가운데에는 제법 큰 포대 보살이 넉넉한 미소를 지으며 앉아 있다. 포대 보살은 맨발로 다니며 자루에서 음식을 나눠주며 가난한 사람을 도왔다. 포대 보살은 입적 후 미륵불의 화신으로 여겨져 사람들의 존경과 사랑을 받고 있다.

계단을 오르니 큼직한 잿터바위가 눈에 띈다. 계단에서 바라본 잿터바위는 뱀이 똬리를 틀고 있는 모습인데 이 또한 자인사가 명당임을 알려

주는 표시라고 한다. 왕건은 궁예의 장수일 때 후백제 공격을 앞두고 잿터바위에 재물을 올리고 제를 지낸 뒤 현몽을 받아 승리했다고 한다. 왕건은 후삼국을 통일한 뒤에도 이곳을 찾아 고려의 태평과 국민의 안녕을 기원했다고 알려져 있다. 그래서 이곳을 재를 올린 터 또는 잿터바위라고 부른다. 잿터바위에서 기도를 하면 소원이 이뤄진다고 해서 중요한 시험이나 행사를 앞두고 절을 찾는 사람이 많다. 마음속으로 조용하게 가족의 건강을 빌어본다.

물 좋기로 유명한 자인사의 약수물을 보니 발걸음이 멈춰진다. 맑고 깨끗한 약수물을 한 모금 마시니 시원한 청량감이 온몸에 퍼진다.

궁예의 장엄한 기운을 느끼며 천천히 절을 둘러봤다. 내려오는 길에 산정호수도 한 바퀴 걸었다. 오늘따라 넓은 호수를 가득 채운 물이 궁예의 눈물처럼 느껴진다.

# 세조를 추모하고 명복을 비는 천년고찰

## : 봉선사

한국 5대 명산으로 꼽히는 경기도 운악산 기슭에 자리한 봉선사. '봉선'은 선왕을 받든다는 의미로 세조의 명복을 빌기 위해 지어졌다. 절 이곳저곳에서 세조의 흔적을 느낄 수 있다.

봉선사는 969년 법인 국사 탄문이 창건한 운악사부터 그 역사가 시작된다. 1469년 세조비 정희왕후는 세조를 광릉에 모시고 그를 추모하고 명복을 빌기 위한 사찰로 운악사를 증축하며 봉선사로 이름을 바꾸었다. 임진왜란, 병자호란, 한국전쟁 때 거듭 화를 입었고 1960년경 재건하여 현재의 모습을 하고 있다. 가수 조용필이 비밀 결혼식을 올렸던 장소로도 유명하다.

세조의 명복을 비는 절인 만큼 규모는 크고 구경거리도 많다. 먼저 입구에는 봉선사를 고쳐 지을 때 정희왕후가 심었다고 알려진 느티나무 한 그루가 있다. 수많은 전쟁을 겪으면서도 살아남았다. 500년이 넘는 나이를 증명하듯 풍채가 늠름하다.

봉선사에는 우리나라 처음으로 한글 번역 경전 작업에 매진했던 운허

큰스님이 계셨다. 그 영향으로 대웅전 대신 '큰 법당'이라는 다소 생소한 한글 현판이 달려 있다. 또한 '운악산 봉산사', '범종루' 등 곳곳에서 한글 현판을 볼 수 있다. 역시 한자보다 한글이 훨씬 살갑고 친근하게 느껴진다.

승과원이라고 쓰여 있는 큰 바위도 눈길을 끈다. 명종 시절 침체된 불교를 일으키기 위해 승려들의 과거인 승과가 부활한다. 승과 시험을 보는 장소가 봉선사와 강남에 있는 봉은사였다. 임진왜란 때 활약한 서산대사와 사명대사도 승과 시험에 급제했었다. 하나의 커다란 돌을 깎아 두 개의 기둥 형태를 만든 당간지주는 승과기를 달아두던 곳이다.

봉선사에는 하마비도 세워져 있다. 하마비는 사원이나, 종묘 등에 세워놓는 석비다. 하마비가 세워진 곳은 직위의 높고 낮음에 관계없이 모두 말에서 내려 걸어야 한다. 제사를 주관하는 왕조 차도 하마비부터는 말이나 마차에서 내려서 걸어야 했다.

범종루 1층에 있는 동종은 보물 397로 지정되어 있다. 조선 전기에 만들어졌고 종 하단에는 세조의 덕을 기리고 명복을 비는 문구가 새겨져 있다.

봉선사에서는 템플스테이도 주관한다. 짧게나마 경험하는 절 체험은 바쁜 일상의 템포를 늦추고 느림과 여유를 경험할 수 있게 해준다. 특히 템플스테이 참가자는 일반인 출입이 불가능한 '비밀의 숲'을 걸을 수 있다. 유네스코 생물관 보존지역인 광릉숲에서 잘 보존된 자연의 아름다움을 즐길 수 있다.

천년 동안 한 자리를 지키는 건 쉬운 일이 아니다. 비록 몇 번의 재건을 거쳤지만 봉선사에는 천년의 기운이 느껴진다. 봉선사의 품에서 일상의 쉼표를 찍고 다시 현실로 돌아가기 위한 길을 나선다.

# 새소리, 풀벌레 소리 가득한 고즈넉한 산사

## : 화엄사

절을 찾는 이유는 다양하다. 기도를 위해 찾기도 하고, 등산길에 들러 쉬었다 가기도 한다. 복잡한 일상에 가슴이 답답해지면 나는 혼자 절을 찾곤 한다. 조용한 경내를 걸으면 머리가 맑아지고 차분해진다.

화엄사는 포천시 군내면에 있다. 화엄사로 가기 위해서는 차를 타고 꼬불꼬불한 산길을 십여 분 올라가야 한다. 차가 한 대밖에 지나갈 수 없는 좁은 도로라 마주 오는 차를 만나면 양보가 필요하다. 부처님을 뵈러 가는 길이라 그런지 경적소리 없이 서로 배려한다.

화엄사는 고요하다. 하지만 부처님 오신 날이 되면 절 전체가 연등으로 가득 찰 만큼 찾아오는 신도가 많다. 오늘 같은 평일은 새소리와 풀벌레 소리만 절에 가득하다. 혼자 조용하게 절을 둘러보기에 좋다.

화엄사란 이름은 불교의 대표적인 경전인 화엄경에서 따왔다. 화엄경은 석가모니가 깨달음을 얻은 직후 깨달은 내용을 그대로 옮겨 놓은 경문이다. 화(華)는 부처님의 행동과 덕을 꽃에 비유한 것이고 엄은 장엄하게 장식하는 것을 뜻한다. 전국에 수십 개의 화엄사가 있을 정도로 흔한

이름이다.

깊은 산속에 위치한 절이라 역시 공기가 좋다. 차에서 내리면 미륵불상이 방문객을 반겨준다. 절 곳곳에 놓여 있는 아기자기한 불상을 보니 얼굴에 미소가 머문다. 천천히 절을 둘러보며 대웅전으로 발길을 옮겼다. 절의 중심에 있는 대웅전은 석가모니불을 본존불로 모시는 전당이다. 불교의 주요 법전 중 하나인 법화경에서 석가모니를 위대한 영웅, 즉 대웅이라고 부르는 데서 유래했다. 대웅전 앞에 서면 웅장하고 장엄한 영웅의 기운이 느껴진다.

절 뒤편의 길을 따라가다 보면 산신각이 나온다. 산신은 불교가 들어

오기 전 널리 유행했던 토착신이다. 불교는 여러 나라에 전파되며 다른 종교의 신이나 민간 신앙의 토속신까지도 흡수했다. 우리나라 산신도 불법을 수호하는 호법신으로 불교에 수용됐다. 사람들은 산신각에서 주로 자식과 재물을 기원하는 기도를 올린다.

절 안을 걷다 보니 마음에 평화가 찾아온다. 절에 온다고 고민의 답이 나오지는 않는다. 다만 조금 멀리 떨어져 고민을 바라볼 수 있는 시간을 가질 수 있다. 머릿속이 복잡해질 때 화엄사를 찾아보면 어떨까. 절은 누구나에게 열려 있다.

# 고요한 자연 속 휴식 같은 템플스테이

**: 백련사**

축령산 기슭에 자리한 백련사는 템플스테이로 유명한 사찰 중 하나다. 한국의 전통문화와 사찰문화를 배우거나 자연 속에서 휴식을 취하려는 사람들이 자주 찾는다.

백련사는 가평군 상면 연하리의 축령산 자락에 자리한 사찰로, 창건된 지는 올해로 20년이 되었다. 절터를 둘러싸고 왼쪽에 운악산, 오른쪽에 천마산, 그리고 뒤쪽에 축령산과 서리산이 있는데, 땅의 모양이 마치 산에 둘러싸인 하얀 연꽃 같다고 하여 그 위에 세워진 절에 백련사라는 이름을 붙였다.

대웅전 앞마당에서 오른쪽 위로 돌아 계단을 오르면 '선불장'과 '안심당'을 만날 수 있다. 템플스테이를 위해 백련사를 찾은 사람들이 머물며 생활하는 수행관과 숙소다. 2007년부터 템플스테이를 운영해온 백련사는 체계적인 운영 노하우와 다양한 프로그램을 가지고 있다. 한국의 전통문화와 불교문화를 체험하려는 외국인 관광객과, 휴식을 취하거나 자아성찰을 하려는 개인, 가족 등이 많이 찾는다. 백련사의 템플스테이는

휴식형과 체험형, 가족형, 수행형으로 나뉘어 운영된다. 1박 2일 프로그램을 기본으로 운영되지만, 2박 3일, 혹은 그 이상 장기로 머무는 사람들도 많다. 같은 1박 2일 프로그램이어도 휴식형과 체험형을 나눠 운영하는 것이 독특한데, 휴식형의 경우 체험형에 비해 프로그램이 매우 여유 있게 구성되어 있다. 예를 들어 체험형 프로그램의 첫날 일정은 저녁공양(식사)과 스님과의 대화, 예불 및 108배 등 취침 전까지 총 7개의 프로그램이 진행되지만 휴식형은 입소식과 저녁식사를 포함하여 딱 네 가지 프로그램만 진행된다. 이마저도 일정을 희망하는 사람만 참여할 수 있게 해 체험자가 마음껏 쉴 수 있도록 배려한다.

점심시간이 되자 '선불당'과 '안심당'에서 나온 사람들이 공양간으로 향한다. 회색 수행복을 입고 있는 템플스테이 참가자들이다. 외국인도

있고, 우리나라 젊은 사람들도 꽤 많다. 여러 명이 움직이는 데도 따로 말이 없으니 조용하다. 다들 이곳에서 참된 휴식을 발견했을까. 사람들 뒤로 자박자박, 돌 밟는 발소리만 들린다.

# 6장

# 마을

**키바키**

# 파란 하늘 아래 싱그러운 여름 연꽃

## : 명산리 울미연꽃마을

---

길옆으로 파랗게 연꽃 밭이 펼쳐졌다. 연잎 사이사이로 올라온 꽃대엔, 꽃잎 끝에서부터 분홍 물이 든 연꽃이 달렸다. 햇살 아래 연꽃 몽우리가 열리던 여름날 아침, 명산리 울미연꽃마을에 다녀왔다.

---

6월에서 8월 사이 절정을 이루는 연꽃은, 아침 일찍 피고 오후가 되면 슬슬 몽우리를 접는다. 활짝 피어 있는 아침 연꽃을 보기 위해 일찍이 나섰다. 부지런히 '명산리 울미연꽃마을(대표 이주연)'로 향했다. 환경을 보존하고 마을공동체를 만들기 위해서 설립한 마을기업이다.

마을로 향하는 구불구불한 길을 돌아 들어가니 하얀 돌에 새긴 '명산리' 표지석이 보인다. 고성 이씨 집성촌인 명산리는 지역사회의 걸출한 인물들을 많이 배출했다. 이한동 전 총리를 비롯해 포천에서 고용 규모가 가장 큰 정우식품의 이한칠 회장, 전 포천 중일고 총동문회장 이각모 동방 회장, 이진모 장군, 이주연 연꽃마을 대표 등이 이 전 총리와 집안이다.

표지석을 지나 얼마나 들어갔을까. 마을 입구에 느티나무가 보였다. 마을로 들어가는 길을 사이에 두고 커다란 느티나무 두 그루가 마을을

지키듯 섰다.

왼쪽으로 조금 더 들어가 보니, 마을을 감싸듯 뻗어 있는 산 아래로 꽤 넓은 분홍색 연꽃 밭이 보인다. 연꽃 밭 옆으로 나무로 만든 산책길이 길게 이어지고, 파란 연잎이 산책길 옆으로 크게 퍼졌다. 연꽃을 따라 그 길을 걷었다. 산책길 옆, 연잎에는 이슬방울이 크게 맺혔다. 연잎 아래 그늘에는 청개구리가 잠시 햇빛을 피해 앉았다. 실잠자리도 날아와 연잎 끝에서 쉬고, 꿀벌은 연꽃 주변을 부지런히 날아다닌다. 연꽃 밭 옆 두렁에는 오리 가족이 모여 앉아 햇볕을 쬔다. 몇 놈은 더웠는지 아예 연잎 아래, 물속으로 들어가 버렸다.

산책길을 돌아 나오니 저 멀리 연꽃 온실이 보인다. 온실로 향하는 길은 터널 같아 보이기도 하고, 투명한 비닐하우스 같아 보이기도 한다. 길 여기저기에 알록달록한 장식이 달려 있는데, 자세히 보니 플라스틱 병을 색칠해 만든 물고기다. 눈이 특히 커 보이던 노란색 물고기, 몸에 꽃이

그려져 있던 파란 물고기가 바람에 밀려 살랑살랑 헤엄치듯 움직인다.

길 끝에 서 있는 버스 정류장이 보인다. 정류장 유리창에 버스 시간표가 붙어 있다. 여길 지나다니는 버스는 딱 한 대만 있나보다. 손으로 고쳐 쓴 버스 번호가 정겹다. 60번인지 68번인지 불분명한 버스 시간표 뒤로 분홍빛 연꽃 몇 대가 푸른 연잎 사이로 살랑거린다.

돌아 나오는 길, 어느덧 마을이 조금씩 부산해지기 시작한다. 지팡이를 짚고 나오시는 할머니도 보이고, 밀짚모자를 눌러쓴 어르신이 한 분 보인다. 마을 입구엔 느티나무가 서 있고, 그 아래 분홍색 의자가 두 개 놓여 있는 곳. 파란 하늘 아래 싱그러운 여름 연꽃이 피어 있고, 작은 정류장엔 68번 버스가 서는 '명산리 울미연꽃마을'. 그새 친근해진 마을을 떠나는 길, 정류장 옆 분홍 연꽃이 햇빛 아래 반짝거린다.

ᅱᅢᅣ

# 반딧불이가 선택한 청정마을

## : 가평 반딧불이 마을

"공기 좋네."
자연 속으로 들어가면 가장 먼저 나오는 말이다. 하지만 공기는 눈에 보이지 않아 얼마나 깨끗한지 알 수 없다. 그러나 가평 반딧불이 마을은 눈으로 공기의 깨끗함을 확인할 수 있다. 명확한 증거가 있다. 바로 반딧불이다.

반딧불이는 배 끝부분에 '루시페린'이라는 발광물질이 있는데, 이것이 산소와 만나며 빛을 낸다. 여름밤 반짝반짝 빛나는 반딧불은 정말 환상적이다. 반딧불 사이에 머무르고 있는 모두가 조용히 탄성을 지른다. 예전에는 어디서든 이 불빛을 쉽게 찾아볼 수 있었지만 최근에는 환경오염 등으로 대부분 사라졌다. 하지만 아직 손쉽게 반딧불이를 만날 수 있는 곳이 있는데, 바로 천연 그대로의 자연을 간직한 가평군 설악면 엄소리 반딧불이 마을이다.

가평군 설악면은 3다(多) 3청(淸)의 천혜 농사 지대다. 3다(多)는 산과 물 그리고 잣이 많음을 뜻하고, 3청(淸)은 물과 공기 그리고 인심이 좋다는 의미다.

마을에서 즐길 거리는 반딧불이만이 아니다. 봄에는 상추나 파, 배추 등 다양한 야채 파종 심기와 오디 따기를 체험하고 봄바람을 맞으며 경운기를 타고 마을을 둘러볼 수 있다.

여름에는 폐교된 초등학교에서 텐트를 치고 캠핑을 한다. 일급수가 흐르는 학교 앞개울에서는 물놀이도 하고 물고기를 잡을 수도 있고, 옥수수 따기, 메뚜기 잡기 등 다양한 방법으로 자연을 만끽할 수 있다. 인기 프로그램 〈MBC 무한도전〉에서도 이곳에서 술래잡기, 물놀이 등을 하는 장면을 촬영하기도 했다.

수확의 계절 가을에는 마을에서 직접 재배한 배추와 각종 채소로 김장을 한다. 또한 된장과 간장의 주재료인 메주 만들기를 체험할 수 있다. 특히 김장과 메주 만들기는 한국 문화를 배우고 체험하려는 외국인에게도 인기다.

조용하게 자연을 느끼고 싶다면 마을 남쪽에 있는 곡달산도 좋다. 높이 624m로 정상까지 2시간 30분 정도면 오를 수 있다. 산세가 부드러워 대화를 하며 올라도 힘들지 않게 오를 수 있다. 올라가는 길에는 진달래, 철쭉, 소나무가 어우러진 절경을 감상할 수 있고 내려오는 길에는 곡

달계곡에서 시원하게 발을 담글 수도 있다.

마을을 찬찬히 돌다 보면 돌탑과 그 사이사이 세워져 있는 솟대가 눈에 띈다. 이 돌탑은 마을 주민인 허동발 어르신이 만들었다. 중풍으로 몸이 아파 완치를 기원하며 운동 삼아 돌탑을 쌓기 시작한 것이, 어느덧 16년 동안 이어지고 있다. 그 뒤로 어르신의 건강도 많이 좋아졌는데, 이 덕분에 이 돌탑이 소원을 들어주는 탑으로 유명해졌다. TV에도 방영돼 찾는 사람이 늘어나고 있다.

마을 어디에도 인공적인 것은 없다. 다양한 체험활동은 주민들의 원래 생활 모습을 담았고 청정 자연은 그대로 보존하며 즐기는 것을 추구한다. 반딧불이를 쉽게 볼 수 있는 것도 같은 이유다. 깨끗한 자연도 중요하지만 이곳의 밤은 도시의 밤과는 다르게 인공적인 불빛이 사라진다. 어두운 곳에서 반딧불이는 더욱 밝게 빛난다. 복잡한 도시의 삶에 몸과 마음이 지친 날, 반딧불이 쉬어가는 이곳 가평 반딧불이 마을에서 잠깐 쉬어가는 것이 어떨까.

# 스위스를 그대로 옮겨 놓은

## : 가평 스위스 마을, 에델바이스

에델바이스는 스위스의 작은 마을에서 열리는 축제를 재현한 곳이다. 에델바이스라는 단어를 들으니 영화 <사운드 오브 뮤직>이 떠오른다. 아이들을 엄격하게 대하던 폰트랩 대령이 기타를 치며 멋진 중저음의 목소리로 에델바이스를 부르던 장면이 두고두고 기억에 남아 있다.

'스위스' 하면 여러 가지가 떠오른다. 푸른 초원, 그리고 하얀 만년설이 보이는 융프라우. 그리고 그곳을 천천히 오르는 열차. 또, 알프스 소녀 하이디와 명사수 빌헬름 텔, 멀리 떨어진 목동을 부르기 위해 발달한 요들송과 고소한 맛이 일품인 치즈까지. 4개의 박물관과 5개의 테마관으로 구성된 스위스 마을 테마파크 에델바이스에서는 이 모든 것을 보고 듣고 느낄 수 있다.

박물관과 테마관에서는 다양한 스위스 문화와 전통을 배울 수 있고, 야외에 있으면 맑은 공기와 아름다운 자연을 감상할 수 있다. 다양한 체험도 할 수 있어 아이들이 좋아한다.

매표소 2층에 있는 스위스 테마관으로 올라갔다. 이곳은 푸른 초원과 하얀 설산을 함께 볼 수 있는 스위스 마을이 디오라마(diorama: 풍경이

Alpenrose

나 그림을 배경으로 두고 축소모형을 설치한 것)로 꾸며져 있다. 시계탑까지 올라가니 눈과 숲으로 둘러싸여 있는 평화롭고 아름다운 도시 융프라우의 아름다운 야경이 한눈에 들어온다.

밖으로 나와 파스텔톤의 스위스풍 건물을 바라보며 걸었다. 길을 기준으로 왼쪽에는 실제 거주민들이 살고 있다. 문득 알프스 소녀 하이디가 치즈를 들고 반갑게 맞이해주는 치즈 박물관이 눈에 띄었다. 건물이 치즈를 닮은 노란색이다. 스위스 사람이라면 누구나 프랑스나 이탈리아 치즈보다 스위스 치즈를 세계 최고라고 여긴다고 한다. 애국심이라 생각할 수 있지만, 알프스 초원의 맑고 깨끗한 공기를 마시는 소의 우유로 만든다고 생각하면 고개가 끄덕여진다. 어디선가 고소한 치즈 냄새가 진동했다. 2층으로 올라가니 스위스 전통 음식인 퐁듀 만들기가 진행되고 있었다. 퐁듀는 추운 겨울 먹을거리가 없을 때 치즈를 와인 등에 녹여서 만드는 스위스 전통 음식이다. 마시멜로와 과자를 퐁듀에 푹 찍어 먹는 모습에 허기가 느껴졌다.

스위스 스토리관에는 스위스의 역사, 문화 등이 전시되어 있다. 특히 모형 활로 사과를 맞추는 빌헬름 텔 사과가 사람들의 발길을 끌었다. 14세기 스위스 독립운동의 전설 속 인물인 빌헬름 텔은 50m 떨어진 곳에서 아들 머리 위에 있는 사과를 맞추는 데 성공해 아들의 목숨을 구했다고 한다. 다들 모형 활을 폼 나게 겨누지만 사과를 맞추는 데는 실패했다. 나도 빌헬름 텔 흉내를 내봤지만 화살은 어림도 없이 빗나갔다.

스위스의 수도 베른의 상징인 곰을 주제로 한 베른 베어 테마관도 흥미롭다. 1층에는 테마파크의 3종 캐릭터인 베른 베어, 스위스 근위병을 상징하는 에델바이스 베어, 하이디 베어가 전시되어 있다. 특히 어른 키를 부쩍 넘는 베른 베어 인형이 눈에 띄었다. 2층은 야외정원과 연결되어 있다. 그리고 베른 베어 인형 탈을 쓸 수 있어 사진 찍기가 한창이다. 탈을 쓰면 얼굴이 가려져서인지 우스꽝스러운 포즈로 사진을 찍는 사람이 많다. 보고만 있어도 저절로 웃음이 난다. 바쁘고 복잡한 일상에 지쳤을 땐 가평에 있는 스위스 마을로 향하자. 아름다운 자연과 이국적인 풍경을 바라보며 새로운 에너지를 얻을 수 있을 것이다.

ㅋ|ㅐ|ㅏ

# 팜스테이 전국 1호 마을

## : 교동 장독대마을

한탄강 댐 건설로 수몰 예정지가 된 고향을 떠나 온 사람들과 귀촌인, 그리고 인근 주민들이 모여 함께 마을을 이뤘다. 어려움 속에서도 포기하지 않고 마을의 발전을 위해 서로 머리를 맞대고 노력한 결과 교동 장독대마을은 전국에서도 손꼽히는 농촌 체험과 숙박 프로그램을 갖춘 명소가 되었다.

지장산과 한탄강 인근에 위치한 교동 장독대마을은 한탄강 댐 공사로 인해 마을이 수몰 예정지가 되어 떠나온 주민 10가구와, 인근 지역주민 11가구, 그리고 귀촌한 4가구까지 총 25가구가 모여 만들어졌다. 서로 다른 배경을 가지고 모인 마을 주민들이지만, 마을의 발전을 위해 한마음 한 뜻으로 뭉쳤다. 마을 기업 협동조합을 만들고 마을을 체험 특화 마을로 만들어나가기 시작했다. 2009년부터 시작된 마을의 역사는 길지 않지만 농촌 체험 프로그램 노하우는 전국 어느 마을에도 뒤지지 않는다. "체험 프로그램을 운영하려고 온 마을 사람들이 다 공부하고 자격증을 땄어요. 제대로 하겠다고 4년제 대학을 졸업하신 분도 계시고, 강의를 하기 위해 자격증을 몇 개씩 따신 분도 계시죠." 마을의 역사를 설명하는 강석진 사무장의 말에서 마을에 대한 강한 자부심이 느껴진다.

이수인 대표를 비롯하여 총 아홉 명의 마을 운영위원들이 마을의 체험 프로그램을 운영한다. 강석진 사무국장 아래 박종환 업무과장과 서영숙 부녀회장이 전체 프로그램을 관리하고, 신희철 카페매니저가 멀베리 카페를 맡았다. 고추장 체험 프로그램 등 여러 체험 프로그램은 손경란, 김영심, 김영미, 그리고 강정미 체험지도사가 담당하고 있다. 카페에서 오디 음료와 디저트를 만드는 직원들도 모두 교동 장독대마을 주민이다.

교동 장독대마을은 팜스테이 전국 1호 마을로, 농가에서 숙박을 하며 다양한 농촌 체험활동을 할 수 있도록 여러 프로그램을 갖추고 있다. 장 담그기 체험 외에도 쌀강정 만들기, 꽃차 만들기, 쌀 클레이 만들기 같은 음식 만들기 체험이 인기가 높다. 마을 입구 체험장 마당에 늘어서 있는 장독대에는 체험 온 사람들이 직접 담근 고추장과 된장이 담겨 있다. 마

을의 독특한 체험 프로그램 중에는 '삼시세끼' 프로그램도 있다. 참여자들이 마을에 머무는 동안 주민들의 도움은 최소한으로만 받고, 스스로 채소를 수확하고 직접 음식을 만들어 먹는 프로그램이다. 직접 땔나무를 주워 가마솥에 불을 피우는 등 tvN 채널의 유명 버라이어티쇼 프로그램인 〈삼시세끼〉와 비슷해 참여자들에게 반응이 아주 좋다. 이외에도 아예 마을 안에 1년 동안 농장과 집을 분양받아 주말마다 찾아올 수 있는 '체재형 주말농장' 프로그램도 운영하고 있어 눈길을 끈다.

마을 인근의 빼어난 경치도 많은 사람들이 마을을 찾는 이유 중 하나다. 한탄강과 비둘기낭폭포가 가깝고, 마을 앞길을 따라 대회산교를 건너 소회산 쪽으로 차를 달리면 푸른 산맥으로 둘러싸인 시원한 드라이브 길을 만날 수도 있다.

고향을 떠나야 했던 사람들과 새로운 고향을 찾아온 사람들. 그리고 그들과 함께 고향을 만들기로 결심한 사람들이 모여 만들어낸 체험마을. 아름다운 자연 경관과 잘 짜인 체험 프로그램도 참 좋지만, 어쩌면 교동 장독대마을에서 할 수 있는 가장 값진 체험은 새로운 고향을 만들고 발전시켜온 주민들의 이야기를 듣는 것 그 자체일지도 모르겠다.

## 천년수 은행나무와 노란 코스모스가 반겨주는 곳

### : 지동산촌마을

포천시 신북면에 위치한 지동산촌마을은 잣나무 숲속의 작은 분지에 자리하고 있다. 이 마을 잣은 예부터 품질이 좋기로 유명해서, 조선시대에는 임금님께 잣을 진상하기도 했다. 옛날엔 다른 지역에 흉년이 들어도, 지동산촌마을은 잣 때문에 쌀밥을 먹었다는 말이 있을 정도였다.

지동마을의 이름 유래는 조선시대로 거슬러 올라간다. 지동(紙洞)은 '종이를 만드는 마을'이라는 뜻으로, 조선 후기에 마을 곳곳에 닥나무와 삼나무를 많이 심고 창호지와 삼베를 짰다고 해서 '지동'이란 이름이 붙었다. 역사와 전통을 가진 마을을 아름답게 가꾸고 외부 관광객을 유치하기 위해, 위간영 위원장과 임순재 이장, 김순채 노인회장, 김창종·정해옥 위원으로 이루어진 지동마을 운영위원회와 마을 주민들이 함께 힘쓰고 있다. 마을 입구엔 흔히 볼 수 없는 노란색과 주황색 코스모스와 노란 해바라기가 군락을 이루고 있다. 모두 마을 사람들이 정성 들여 심고 가꾸었다.

마을 안쪽엔 천년 된 은행나무가 서 있다. 1982년에 보호수로 지정된 이 나무는, 당시 추정 수령이 950년이었다. 나무의 높이는 25m인데 이

는 거의 아파트 8층 정도의 높이다. 마을에는 이 은행나무에 얽힌 전설이 여럿 전해져 내려온다. 조선 태조 이성계가 왕방산에 사냥을 나왔다가 멀리서 노랗게 물든 큰 나무를 보고 마을을 찾아왔는데, 그게 이 은행나무였다고 한다. 마을에 도착한 왕이 은행나무 아래에서 잣죽을 먹었는데, 이때부터 포천 잣이 임금님 진상품이 되었다는 말이 있다. 또한 나라와 마을에 변고가 있기 전나무가 소리 내어 울어 이를 미리 알렸다는 말도 전해진다. 마을에선 나무를 '은행나무 대감'이라고 부르며 제를 올려왔다. 지동마을엔 유독 500년, 650년, 850년 등 수령이 수백 년이 넘은 은행나무가 많은데, 그 중에서도 마을 중앙에 있는 이 은행나무 대감이 가장 유명하다. 가지가 아주 넓게 뻗어 있어, 가을이 되면 사방으로 노란 은행잎이 비처럼 내리는 모습이 장관을 이룬다.

천년수 은행나무 옆에는 마을을 찾는 손님들을 위한 체험관과 사무실이 있다. 체험관에선 마을의 특산품인 잣을 구입하거나, 이를 활용한 체험활동을 할 수 있다. 체험활동은 남녀노소 모두 쉽게 할 수 있는 잣 까기에서부터 직접 반죽을 하고 찜통에 쪄내는 잣 찐빵 만들기까지 다양하다. 올해엔 새롭게 마을 캠핑장도 열었다. 마을 뒷동산은 소요산 자락과 연결되어 있는데, 울창한 잣나무 아래에 텐트를 치고 쉴 수 있는 넓은 평상이 여럿 준비되어 있다. 캠핑장 옆으로 흐르는 계곡도, 뒤쪽의 산책로도 새로 잘 정비했다. 인근엔 마을 주민들이 운영하는 펜션도 있어서 마을을 찾은 여행객들이 편안히 쉬어 갈 수 있다.

## 잣의 고소한 향, 더 고소한 맛

### : 가평 잣향기 푸른마을

우리나라 최대 잣 생산지 축령산. 이곳에 발을 디디면 코끝에 고소한 향이 스친다. 입안에는 먹지도 않은 잣이 벌써 톡톡 터지는 기분이 든다. 몸에 있는 모든 감각으로 고소함을 느낄 수 있는 영양잣마을이 가평에 있다.

하늘을 향해 쭉쭉 뻗은 잣나무. 그 풍경이 장관이다. 가평에 있는 5만 그루의 잣나무에서 국내 잣의 절반 정도가 생산된다. 꼿꼿하게 하늘을 향하는 수령이 80년이 넘는 잣나무, 그리고 거기서 나오는 잣. 이것만으로도 가평군 상면 축령로의 잣마을을 찾을 이유는 충분하다.

잣나무는 쓸모가 많다. 우선 목재로서의 용도. 잣나무 줄기는 올곧게 자라기 때문에 가공이 쉽다. 그 덕에 고급 건축재나 가구 등을 만드는 데 많이 이용된다. 특유의 기품 있는 향도 장점이다. 나무에서 생산되는 잣은 기침이나 중풍에도 효과가 있고 피부에 윤기와 탄력을 준다고도 알려져 있다. 예로부터 불로장생의 식품으로도 유명하다. 잣나무를 해송자(海松子)라고 부르기도 하는데 이는 신라 때 사신들이 중국에 잣을 가져다 팔면서 붙여졌다. 특히 가평의 잣은 임금님에게 진상할 정도로 전국적으로 품질이 우수하다.

몸에도 좋지만 고소한 맛도 일품이라 다양한 음식에도 활용한다. 잣 요리 중 가장 먼저 떠오르는 것은 잣죽이다. 어릴 적 몸살로 밥을 못 삼킬 때면 어머니께서는 잣과 찹쌀을 곱게 갈아 푹 끓여 잣죽을 만들어주셨다. 곱게 갈아낸 국물로 만든 잣 국수도 빼놓을 수 없다. 잣은 주재료뿐 아니라 다른 음식을 살려주는 고명으로도 자주 사용된다. 특히 동동 띄운 잣 없는 수정과는 앙꼬 없는 찐빵이다.

가평 잣마을에서는 이곳에서 생산된 잣을 이용해 다양한 잣 요리를 직접 만들어볼 수 있다. 잣 죽, 잣 칼국수부터 잣 주먹밥, 잣 두부 등 잣을 이렇게까지 다양하게 활용할 수 있다는 것이 놀랍다. 아이부터 어른까지 서투른 솜씨로 잣을 씻고, 빻고 있다. 느린 진행 속도에 다소 답답할 수 있지만 누구 하나 서두르지 않고 정성을 담는다. 느리게, 조금 더 느리게 요리가 완성된다. 음식을 맛보자, 진한 고소함이 입에 가득 퍼진다. 가공되지 않은 자연의 맛은 왜 지금껏 이런 맛을 잊고 살았는가 하는 생각이 들었다.

가평 영양잣마을에서는 잣 음식을 만드는 것뿐 아니라 잣 공장 견학, 잣송이 까기 등 다양한 체험도 할 수 있다. 특히 잣송이 까기는 아이들에게 인기 만점이다. 잘 말린 잣나무 열매를 잡고 작은 방망이로 열매의 밑부분을 툭, 툭 치면 작은 잣 알맹이가 톡, 톡 떨어져 나온다. 잣이 쏟아질 때마다 여기저기서 환호성이 터진다. 누가 잣을 많이 터는지 내기도 하고 어떻게 하면 더 많은 잣을 얻을 수 있는지 진지하게 의논한다. 함께하는 어른도 동심으로 돌아가 잣송이 까기를 놀이처럼 즐긴다. 잣마을에서는 간단한 목공예품을 제작하는 목공 체험교실도 운영하고 있으며 개인 농장에서는 딸기와 아로니아, 자두, 사과를 수확하거나 잼을 만드는 체험교실도 운영한다.

날씨가 좋은 5월에서 11월까지는 잣 산림욕도 할 수 있다. 가평의 청정한 잣나무 숲에 앉아 향긋한 냄새를 마음껏 맡으니 그간 지쳤던 몸과 마음이 회복된다. 요즘은 집에서도 이런 숲의 향기를 느끼기 위해 공기청정기에 피톤치드 기능을 추가한다는데 직접 숲에서 느끼는 것과는 비교할 수 없다.

잣나무 숲을 천천히 걷다 보니 이미 다 자란 잣나무 사이로 군데군데 어린 잣나무도 눈에 띈다. 숲의 미래를 위한 준비다. 지금은 1m에 불과한 이 묘목도 순식간에 20m까지 자라서 다음 세대에게 시원한 쉼터와, 고소한 잣을 아낌없이 주겠지.

## 가평의
## 농촌체험 휴양마을

가평엔 모두 11곳의 농촌체험 마을이 있다. (홈페이지 가평체험나라 gpnara.kr) 도시민에게 농사 생활체험 휴식공간을 제공하고 지역 농수산물을 판매하는 푸드마켓도 운영한다. 각 마을의 모든 체험은 인증자격을 취득한 농촌체험지도사가 진행하며 체험자들에게는 도농교류확인서를 발급해준다.

청평면 버들숲로의 **'달콤한 샘 마을'**은 경기권에 유일하게 가평 귀촌귀농학교가 개설돼 있고 수영장, 농사체험장, 감자·고구마 수확, 고추장·조청 만들기, 송편 빚기 등 휴식과 놀이 프로그램이 다양하다.

설악면 미사리로에 있는 **'물미연꽃 마을'**에서는 연 초콜릿·연 수제비 만들기, 숲 체험, 천체 관측, 썰매 타기 등과 함께 홍천강과 북한강이 합쳐지는 합수지점에서는 수상스키도 즐길 수 있다.

조종면 명지산로의 **'별바라기 마을'**은 천체 관측하기에 좋은 환경을 갖고 있다. 별자리의 계절별 위치에 관한 설명과 전설에 관한 이야기를 들을 수 있고, 잣 라이스피자 만들기, 감자·고구마·옥수수·포도 수확 등 다채로운 프로그램을 준비했다.

조종면 명지산로 **'산바라기 마을'**에서는 다슬기 채취, 벼농사, 옥수수·고구마·사과 수확, 가마솥밥 짓기, 전통놀이, 목공 체험, 전통 장 담그기와 메기 잡기를 하면서 캠핑도 즐길 수 있다. 폐교에서는 3일 과정의 단식 프로그램도 운영한다.

가평읍 용추로 **'아홉마지기 마을'**에서는 연인산 탐방로에서 진행되는 '런닝맨게임'이 재미있고 숲 체험, 조 타작, 감자·고구마 캐기, 잣 공예 등을 즐기는 1박 2일 체험이 식사 포함 1인 7만원이다.

북면 백둔로 **'연인산 마을'**은 여름철 연인계곡 물놀이가 인기인데 넓은 잔디구장이 있어 단체행사도 거뜬히 치를 수 있다. 사과 따기 체험에 참여하면 가평의 인심이 얼마나 넉넉한지 확인할 수 있다.

설악면 묵안로 **'옻샘 마을'**은 마을 한가운데를 미원천이 가로질러 카약을 탈 수 있다. 여러 명이 통나무집을 지은 뒤 그곳에서 자는 프로그램도 있다. 이밖에 보물찾기, 아침식사 만들기, 숲길 트레킹 등 다양한 체험을 할 수 있다.

설악면 묵안리 **'초롱이둥지 마을'**은 원시림이 잘 보존된 지역에 있는데 맨손으로 메기 잡기, 잣껍질 까기, 떡 만들기, 잣 쌀강정 만들기, 물총놀이 등이 인기가 있다.

상면 음지말로 **'포도향이 흐르는 마을'**에서는 뚱딴지 돼지감자, 산양삼 캐기 등 이색체험과 포도 따기, 숲 체험 등이 인기인데 아침고요수목원 운악산이 가까이 있다.

각 체험마을에는 대표가 따로 있는데 이를 통합해 홍보하고 안내해주는 김나연 사무국장은 "한번 오시면 체험마을의 매력에 푹 빠져 자주 찾게 된다는 말씀을 하신다."며 "11개 체험마을은 각자의 특성에 맞게 운영되고 휴가철 주말 장소 구별 없이 매우 저렴한 가격으로 많이 배우고 푹 쉴 수 있는 게 장점"이라고 말했다.

7장

# 시장

# 아련한 향수
## : 포천 신읍 5일장

신읍장은 5일, 10일, 15일처럼 5의 배수 날짜에 서는 5일장이다. 장날이면 포천 상인들뿐 아니라, 다른 지역 상인들도 많이 찾아와 좌판을 연다.

신읍동에는 상설 재래시장이 없다. 예전엔 동네에 상설시장이 있었지만 이제는 5일장만 선다. '군내순대국'이나 '일미닭갈비'처럼, 동네 시장에서 유명했던 맛집들은 이제 신읍 구절촌 거리로 옮겨 손님을 맞고 있다. 예전 상설시장을 그리워하는 몇몇 상인들은 5일장이 유명해지면서 상설 장이 사라진 것 같다며 아쉬움을 표하기도 한다.

상설시장이 서지 않는 것은 아쉽지만, 이제는 신읍 5일장이 동네 시장의 역할을 하고 있다. 장이 크게 설 때면 성남의 모란장만큼 커지기도 한다. 상인들이 취급하는 품목도 다양해서, 씨앗가게, 옷가게, 철물점, 소쿠리 가게, 식료품점, 생선가게 등 상설 재래시장 못지않게 여러 가지 물건을 팔고 있다. 즉석에서 조리한 음식을 파는 곳도 많고, 심지어 닭고기 등의 육류를 파는 정육점도 있다. 여러 음식점 중에서도 숯불에 구워주

는 돼지 등갈비와 떡갈비, 잔치국수 등이 유명하다. 신읍장 명물이라 입소문이 나면서 다른 지역에서도 등갈비나 국수를 먹기 위해 일부러 찾아오는 사람들이 많아졌다. 다리 아래 트럭에서 파는 호떡도 언제나 줄이 길게 늘어서 있기로 유명하다.

물건을 고르는 손님도, 가게의 상인들도, 음식점에 앉은 사람들도 모두 땀을 흘리면서도 한참을 얘기하느라 바쁘다. 이미 살 물건을 다 샀다고 하면서도 가게 주인과 한참을 얘기하며 자리를 뜰 줄 모르는 손님, 열무국수 두 그릇을 놓고 한참 동안 정치 토론을 하는 두 노신사, 그리고 무슨 일인지 웃음꽃이 잔뜩 핀 청과가게 주인과 손님. 이곳에서 5일장은, 사람들이 모이던 옛 전통시장의 역할을 대신하고 있었다. 단순히 물건을 사거나 팔러 나오는 곳이 아니라, 사람을 만나고 교류하기 위한 곳. 불볕더위에도 사람들이 시장을 찾는 이유는 역시 이런 사람 냄새 나는 만남을 위해서가 아닐까.

## 새롭게 시작하는 가평의 상설시장

### : 가평 잣고을 시장

---

가평 5일장이 서던 자리에 상설시장인 '가평 잣고을 시장'이 들어선 지 이제 5년 차가 되었다. 시장이 조금씩 자리를 잡아가면서 가평 주민들의 삶에 잘 녹아내리고 있는 듯하다. 새로운 시도와 볼거리가 넘치는 '가평 잣고을 시장'에 다녀왔다.

---

가평 잣고을 재래시장(회장 김창근)은 매일 서는 상설시장이다. 이전엔 가평 5일장만 섰는데, 상점가 상인들이 모여 상인회를 만들고, 2015년엔 정식으로 인가를 받아 상설시장이 생겼다. 현재는 매일 시장이 열리고, 시장 한 쪽에 장날마다 전국 각지에서 모인 상인들이 좌판을 여는 식으로 상설시장과 5일장이 공존하고 있다.

잣고을 시장은 '지역민들의 상품을 팔고, 주민들이 모여 소통하는 시장'을 목표로 하고 있다. 김진태 상인회 사무국장은 "지역색을 나타낼 수 있는 시장이 목표다. 그러면서도 귀농·귀촌하신 분들이나 다른 지역 분들도 함께 어우러질 수 있는 사람 냄새 나는 시장을 만들고 싶다."며 앞으로의 계획을 밝혔다. 가평 주민들이 생산한 농산물 외에

도 수공예품이나 가공품도 얼마든지 가지고 나올 수 있는 시장, 귀농·귀촌인들이나 가평에 주말농장을 두고 있는 사람들도 부담 없이 농산물을 가져와 팔고 서로 소통할 수 있는 시장을 지향한다.

시장 발전을 위해 잣고을 시장 상인회는 다양한 시도를 하고 있다. 기차 모양으로 푸드트럭이 늘어선 '청년 88열차'도 들어섰고 종종 밴드 공연이나 음악회도 연다. 매월 둘째·넷째 토요일에는 플리마켓도 열린다. 이름은 '둘째·넷째 토요일'을 딴 '두네토 마켓'이다. 노란색으로 시장을 꾸미고, 시장을 대표하는 '잣돌이' 캐릭터도 만들었다. 이런 노력 덕분에 시장은 가평의 새 명소로 발돋움하고 있다. 세련되게 꾸민 시장 모습과 다양한 이벤트 덕분인지 시장 곳곳에 젊은 사람들도 자주 눈에 띈다.

## 하늘과 가장 가까운 장터

### : 광덕고개 하늘장터

---

백운산 길을 따라 한참 차를 달린다. 구불구불 이어지던 길이 또 한 번 둥글게 산을 따라 돌면, 저 멀리 건물이 삐쭉 선 고개가 보인다. 경기도 포천시 이동면 도평리에서 강화도 화천군 사내면 광덕리로 넘어가는 길, 하늘에서 가장 가까운 장터라는 광덕고개 하늘장터다.

---

해발 620m에 위치하고 있는 광덕고개 장터로 가는 길. 백운산을 끼고 굽이굽이 이어지는 2차선 도로 옆으로 급경사가 계속된다. 6·25 전쟁 중에는 이 심한 경사 때문에 '캐러멜 고개' 또는 '캐멀 고개' 라고 불리기도 했는데, 이는 미군과 관련이 있다. 경사가 심한 산길을 지나가는 동안 운전병이 졸지 않도록 미군 사단장이 캐러멜을 줬던 길이라 '캐러멜 고개' 라고 부른다는 말도 있고, 산을 따라 구불거리는 길 모양이 낙타의 등을 닮아 미군들이 '캐멀(camel) 고개'라고 불렀기 때문이라는 말도 있다.

경기도에서 강원도로 넘어가는 이 험한 고개에 언제부터 장이 서기 시작했는지는 정확히 알려지지 않았다. 강원도 광덕과 포천 이동 등 고개 인근에 살던 주민들이 움막을 치고 직접 채취한 나물과 약초, 또는 농산물을 가져와 팔던 것이 시작이었다. 고개에서 오랫동안 장사를 해온 상

인들에 따르면, 도로가 깔리고 승용차가 널리 보급되어 자동차 여행이 증가하던 1980년대부터 이곳에 모이기 시작했다고 하니 대략 40년 정도 된 셈이다.

초기엔 가게도 몇 없고 그마저도 비정기적으로 운영되었지만, 이제는 작아도 번듯한 상가 건물도 서 있고, '하늘장터'라는 이름도 붙은 상설장터가 됐다. 상가에는 대여섯 개의 상점과 식당이 들어서 있다. 예전엔 상가 앞 공터에도 노점이 섰지만, 지금은 상점에 있는 가게만 운영된다. 상점 대부분은 버섯과 산나물, 말린 약초, 그리고 몇 가지 농산물을 판다.

# 시골 냄새 솔솔 나는 직거래 장터
## : 창수야 놀자

'창수야 놀자'는 창수면 주민들과 포천 관내 상인들이 모이는 작은 직거래 장터 겸 일종의 벼룩시장 역할을 하는 '플리마켓'이다. 누구나 농산물을 팔러 올 수 있고 누구나 놀러올 수 있는 열린 장터를 표방한다. 전문 상인도 있지만 주로 평일에는 농사를 짓고 주말에 물건을 들고 모이는 동네 주민들을 중심으로 장터가 열린다. 장터의 주요 상품은 창수면과 포천 관내의 농산물과 가공품이다.

창수면은 인구 2,200명 정도로 포천에서 가장 사람이 적은 곳이다. 65세 이상 노령인구 비율도 30% 이상으로 포천 내에서 가장 높다. 그렇다 보니 마을 특성에 맞게 농축산물 판매 경로를 만들고 마을을 활성화할 수 있는 방법이 필요했다. 창수야 놀자 장터는 마을의 새로운 수익 창출과 활성화를 위해 창수면 주민들이 모인 창수발전위원회와 창수면사무소가 오랫동안 함께 머리를 맞대고 고민한 끝에 만들어진 결과물이다. 다른 상설 재래시장이나 5일장과는 달리, 포천시 최초로 플리마켓 형식을 표방한 독특한 곳이다. 친한 동네 친구를 부르는 것같이 정겨운 이름은 장터를 처음 시작한 이경훈 전임 창수면장이 지었다. 문을 연 지 이제 막 3년 차가 된 따끈따끈한 이 신생 시장을 계속 이끌어가고 발전시키기 위해 이상근 창수면장과 이성근 창수면 발전위원장, 그리고 창수면 주민들이 열심히 노력하고 있다.

2017년에 6월에 처음 장이 선 이후, 동네와 포천 관내 사람들이 찾던 작은 직거래 장터는 이제 한번 장이 열리면 많을 땐 하루에 200명 가까이 찾아올 만큼 커졌다. 친근하고 독특한 장터의 이름과, 소소한 시골 마을 직거래 장터의 매력이 알려지면서 근처를 찾아온 타지역 관광객들이 장터를 찾아왔기 때문이다. 마을 인근 한탄강이 관광지로 유명해지기 시작한 것도 도움이 됐다. 한탄강을 찾아온 관광객들이 10분 거리인 창수 장터에도 들러 가기 시작했다.

장터는 매달 둘째·넷째 토요일에 서는데, 동네 주민들이 직접 물건을 들고 나오기 때문에 장이 설 때마다 판매 물품이 조금씩 달라진다. 매번 새로운 물품을 만날 수 있는 것이 이 작은 시골 장터 겸 플리마켓의 독특한 매력 중 하나다. 요즘 창수 장터 최고 인기 품목은 계란과 유제품이

다. 30알 1판에 3,000원인 계란은 매번 내놓을 때마다 남김없이 다 팔리는 완판 품목이다. 커다랗고 싱싱한 달걀이 시중가보다 훨씬 저렴하게 팔리니 한 번에 몇 판씩 사 가는 사람들이 많다. 밭에서 방금 캐온 싱싱한 감자도 상자째로 팔려나간다. 대부분 직접 농사 지은 자연친화적인 제품들이라 시장을 찾은 손님들에게 인기가 많다. 농축산물 직거래 장터의 가장 큰 장점은 역시 생산자나 판매자를 직접 만나볼 수 있다는 점이다. 믿고 살 수 있는 건강한 먹거리를 구할 수 있다는 점 때문에 도시에서도 창수 장터를 찾아오는 사람들이 많아졌다.

창수면과 가까운 신북면 외북초등학교 인근에는 이관욱 계류리 이장 집에 플리마켓이 차려져 있다. 매주 화요일 동네 주민들이 생산한 농산물을 이장 집에 모아놓으면 알음알음 찾아온 포천 시민과 외지인들이 싼값에 구매하는 직거래 장터다. 이 이장은 아내가 준비한 보리밥을 제공하고 저녁에는 아마추어 보컬 밴드가 연주도 하고 함께 즐기는 동네 잔치판도 벌어진다.

고추 파 배추 등 농가에서 직접 재배한 농산물과 대추, 쑥, 아로니아, 오미자, 고구마잎 등 각종 약재 등 없는 것 빼고는 다 있다는 미니 화개장터를 연상케 하는 재미있는 장터다.

# 8장

# 수목원

# 세상에서 제일 착한 수목원

## : 평강랜드(구 평강수목원)

---

경기도지사 경선에 나시기 위해 오세훈, 나경원, 김용태, 전하진 등과 국정어젠다 대담집을 준비하면서 <문&문으로 경기 새천년 문을 열다>를 쓰던 2017년 때의 일이다. 여의도 사무실에 앉아 밤을 새우며 글을 쓸 때, 나의 글동무가 되어 주었던 것은 창밖으로 보였던 한강공원의 녹음이었다. 글발이 서지 않을 때, 과거와 현재의 기억이 뒤섞여 머릿속이 복잡할 때 나를 안심시켜 주고 진정시킨 것은 도시의 푸른 숲이었다. 평강랜드, 평강수목원의 싱그런 잔디밭과 습지를 생각하면 마음이 정갈해진다.

---

국내에 있는 여러 수목원엘 다녀봤지만, 평강랜드는 그중 가장 착한 수목원이다. 산정호수 인근 18만여 만 평에 달하는 평강랜드 입구에 들어서는 순간, 그 '착한' 마음을 읽어낼 수 있다. 입구에 나란히 열을 맞춰 서 있는 대여 가능한 휠체어와 유모차, 강아지 동반이 가능하다는 팻말, 그리고 매표소 근처에 자리 잡은 동네 고양이 쉼터까지. 이것으로 사람과 생명을 대하는 평강랜드의 생각을 충분히 엿볼 수 있다.

관람 지도를 보면 약 1시간 코스의 '노약자, 휠체어 여행자, 유모차 동반객'의 평탄한 탐방로도 제시되어 있다. 게다가 거의 대부분의 길이 계단 없이 완만하고 평탄한 길이라 휠체어 여행자가 식물원을 둘러보기에도 수월하다. 물론 약간의 고지대로 올라갈 때는 좁은 길을 걸어서 탐방하는 방문자들만 갈 수 있긴 하지만 식물원의 많은 지역을 휠체어로 탐

방할 수 있다는 건 정말 멋진 일이다. 게다가 길 폭이 넓어서 휠체어 사용자와 동반인이 자유롭게 이동할 수 있다. 포천의 대표적인 무장애 여행지로 소개해도 될 만큼 여행 환경이 참 착하다.

또한 강아지와 함께 탐방이 가능하다는 것도 놀랍다. 다른 탐방객에 불편을 주지 않는 선에선 사람과 동물이 같이 산책하는 것을 허용한다. 많은 식물원엔 애견 동반이 불가능한데 이곳에서는 허용하는 이유가 궁금했다. 그런데 매표소 근처에서 뛰노는 아기 고양이와 그 근처에 있는 고양이 쉼터를 보고 이유를 알았다. 평강랜드 직원들은 식물뿐만 아니라 동물, 아니 전 생명에 대해 너그러운 마음과 친화적인 자세를 가지고 있다는 생각이 들었다. 이렇게 좋은 사람들이 근무하는 식물원이라니, 이미 들어가기 전부터 "이곳은 좋은 곳이다."라고 단정지었다.

매표소를 지난 순간, 그때부턴 정말 좋았다. 가장 좋았던 곳은 바로 잔디광장. 넓은 광장에 푸릇푸릇한 잔디가 카펫처럼 깔려 있었다. 여유롭고 안정적인 풍경이다. 부드럽고 포근한 잔디 빛깔의 바다에 풍덩 빠진 것 같았다. 이 잔디는 사계절 내내 푸른 '켄터키 블루그라스'라는 잔디 품종이다. 〈찰리와 초콜릿 공장〉에 나오는 윌리 웡카의 녹색 초콜릿 잔디를 보는 것 같았다. 지난 계절에도 푸르렀고, 지금 이 계절에도 푸르다.

사진이 잘 찍혔던 곳은 습지원. 평강랜드의 습지원은 자연생태를 보존하고 이를 감상하기 위해서 만든 곳이다. 한라산 및 중부 지방의 다양한 자연습지생태를 재현했고, 수서곤충과 조류가 자연스레 어울려 사는 서식지를 만들어두었다. 습지 사이로 만들어진 데크를 따라 걷다 보니 나도 모르게 '좋다, 차암~좋다'를 계속 읊조리게 된다. 잔잔히 퍼져나가는 물결, 캐노피처럼 드리워진 나뭇가지, 다양한 수목에서 풍기는 상쾌하고 깨끗한 숲의 향기 덕분에.

평강랜드에는 큰 암석원이 조성돼 있는데 고산지대에 자라는 진귀한 고산식물 1천여 종을 볼 수 있다. 폐목재를 이용한 큰 나무인형도 볼거리다. 캠핑존도 있고 아이들 물놀이 시설과 작은 호수도 있으며 이끼원, 암석원, 습지원 등으로 구역을 나눠 좋았다. 넓은 코스모스와 핑크뮬리 꽃밭도 마음을 편하게 해준다. 쉬는 시간 빼고 구경하는 데 한 시간 반 정도면 적당하다.

아 참! 평강랜드의 김신근 부사장은 내가 아끼는 후배다. 기획과 대외 업무를 총괄하는 그는 이웃돕기 경로잔치 등에도 열성이다. 그의 착한 열정과 진지함이 이 수목원에 진하게 배어 있다.

# 전나무 숲길과 넓은 정원, 그곳에서 마음의 평화를 얻다

## : 광릉 국립수목원

광릉 국립수목원은 유독 크고 넓다. 다른 수목원들이 로맨스 영화의 배경으로 적합하다면 국립수목원은 로맨스, 액션, SF, 스릴러를 다 찍을 수 있을 정도로 광활하고 다양한 배경을 가지고 있다. 포천에서 빼놓을 수 없는 이곳, 국립수목원에 다녀왔다.

포천 소흘읍 국립수목원에 들어가려면 방문하기 며칠 전에 홈페이지에서 미리 입장 예약을 해야 한다. 하루 입장객 수를 제한하는 것은 수목원 내 산림자원을 보호하기 위해서다.

다양한 식물종자 등이 무려 40만 점이나 관리되고 있는데 생태 산책로와 다양한 정원, 산림박물관과 함께 수목원 안 산림동물원에는 백두산 호랑이, 반달가슴곰, 늑대 등이 사육되고 있다.

어린이정원, 덩굴식물원, 비밀의 뜰, 백합원, 마을정원, 무궁화원, 만병초원, 수생식물원 등 정원들만 돌아봐도 꽤 시간이 걸린다. 수목원 앞에는 세조를 모신 광릉이 있다.

수목원 내에서 내가 가장 좋아하는 길은 전나무 숲길이다. 전나무는 피톤치드를 강하게 내뿜는데 그 덕분인지 숲에 들어서면 몸과 마음이

편안해진다. 수목원 입구에서 왼쪽으로 들어서면 숲길이 있다. 훼손되지 않은 숲, 그리고 산으로 오르는 약간의 경사. 가벼운 마음으로 20~30분 정도의 트레킹을 즐길 수 있다.

국립수목원의 전나무 숲길은 200m 정도 이어진다. 이곳의 나무는 오대산 월정사의 전나무 종자를 키워내 1927년부터 조림한 나무다. 대부분이 80년 이상의 수령을 가지고 있어 나무 끝을 보기 힘들 정도로 키가 크다. 키가 큰 나무 사이로 만들어진 숲 틈. 그 틈을 비집고 햇빛이 땅을 비춘다. 덕분에 포슬포슬해진 흙. 그 근처엔 나무 그림자에 가려 축축해진 흙도 있다. 나무가 만들어낸 이런 환경 덕에 다양한 생물이 살아갈 수 있겠다 싶었다. 수목원의 전나무 숲은 전북 부안 내소사 전나무 숲과 오대산 월정사 전나무 숲과 함께 우리나라 3대 전나무 숲길 중 하나다. 포천에 사는 덕에 이런 귀한 숲길을 자주 걸을 수 있게 됐다. 포천 사람들은 지역경제가 어렵고 발전이 더디자 서울 등 외지 사람들과 자신의 처지를 종종 비교하면서 열등감 혹은 분노를 표출한다. 그러나 경제적으로 다소 어렵지만 이런 천혜의 자연에서 살 수 있다는 것에 만족을 느끼는 분도 여럿 볼 수 있다. 좋은 공기 푸르른 수목, 멋진 산과 계곡이 지근거리에 있다는 행복감, 그것을 어디에 비할 수 있을까?

수목원을 걷다가 나무그늘 벤치에 앉아 사방에 펼쳐진 수목을 찬찬히 살펴봤다. 후덥지근한 여름 바람에 흔들리는 나뭇잎, 그 사이로 열심히 거미줄을 치고 있는 곤충. 깊은 숲속에서 짹짹 거리는 새소리와 더 깊은 곳에서 이 순간을 살아내고 있을 생명들. 그곳에서부터 나무 틈을 제치고 나를 애무하듯이 불어오는 이 여름의 바람. 그 바람에서 계절의 아름다움, 살아 있다는 것에 대한 안도감, 아침에 눈을 뜨고 건강하게 잘 살고 있다는 일상의 평화를 느껴본다. 눈을 감고, 나무 벤치에 깊숙이 몸을 맡긴다. 난 이 순간 자연을 구경하러 온 이방인이 아니라, 그 풍경과 함께 자연 그 자체가 됐다는 생각이 들었다. 자연과 나는 하나다.

수목원 근처엔 맛집도 많다. 닭백숙, 장어, 막국수, 한정식, 숯불구이, 산채정식 등 나열하기도 버겁다. 분위기 좋은 카페도 수두룩하다. 고민하지 말고 지금 먹고 싶은 근처 맛집으로 발걸음을 옮긴다.

# 책과 나무 향기가 활짝 핀 나무동산

## : 나남수목원

요즘엔 마음에 여유가 좀 생겼다. 그러다 보니 책을 자주 읽게 됐다. 휴가를 다녀올 때, 기차를 타고 이동할 때까지도. 빡빡한 여행 가방 안에 책 한두 권쯤은 꼭 챙겨서 다닌다. 최근 포천의 수목원을 둘러보다 책과 함께 하고픈 곳을 발견했다. 신북면 갈월리에 있는 나남수목원. 걷다가 자꾸 멈추게 되는 곳. 그늘에 앉아 책을 읽고 싶은 곳.

---

나남출판사 대표 조상호 회장은 '세상에서 가장 큰 책을 만들겠다'는 일념으로 나남수목원을 건립했다. 조 회장은 계간 사회비평을 발행한 유명한 출판인. 정치권에서 서로 모시려고 했으나 '사회개혁', '인간경영'의 일념으로 뿌리쳐왔다고 한다. 한때 대학 강단에 서기도 했다.

그가 한 포기씩 심었던 풀, 한 그루씩 심었던 나무가 모여 어느새 20만 평의 수목원이 됐다. 100살 넘은 산뽕나무, 50년을 훌쩍 넘긴 잣나무, 산벚나무, 참나무, 팔배나무 등이 군락을 이루고 벌개미취가 춤추는 야생화 꽃동산, 5리가 넘는 맑은 실개천 등이 조화를 이룬다. 조 회장은 5년여 전 일산 출판단지의 나남출판사를 찾은 내게 포천에서 나무를 키우며 제2의 인생을 시작하셨다고 말씀하셨는데 이렇게 큰 규모인지는 그때 상상조차 못했었다. 조 회장은 나랑 초등학교 동창인 박선숙 국회

의원과 꽤 친한 것으로 알고 있다. 박 의원은 내가 2002년 말 한나라당 대변인을 지낼 때 당시 김대중 대통령의 청와대 대변인을 하고 있었다. 3개 학급에 불과했던 영북의 작은 초등학교에서 여야의 대변인이 배출된 전무후무한 기록을 남긴 것이다. 그 당시 노무현 대통령 당선인의 인수위 대변인은 내가 동아일보 기자 시절 데스크였던 이낙연 국무총리여서 나의 인간관계가 중앙 정계에서 화제가 된 적이 있었다. 그때는 여야가 이렇게 갈려 싸우지 않았는데….

'아! 옛날이여!'를 되뇌면서 수목원 입구에 조심히 주차하고 길을 따라

천천히 걸었다. 입구에는 문인석 한 쌍이 수호신처럼 서 있다. 나남수목원엔 200년이 넘는 문화재급 문인석이 여럿 있다. 입구에서 조금 더 걸어가면 '12인의 솔밭 벅수'도 볼 수 있다. 벅수는 장승을 부르는 다른 말인데 이 역시 앞서 봤던 문인석처럼 손님을 맞이하고 수목원의 수호신 역할을 한다. 산책길은 너무 넓지도, 좁지도 않고 차도 없으니 한적한 시골길을 걷는 기분이다. 나무 사이로 불어오는 시원한 바람과 속삭이듯 지저귀는 새소리를 들으니 마음이 편안해진다. 특히 차 소리 나지 않는 이 고요함이 반갑기만 하다.

나남수목원 중앙에는 책 박물관이 자리 잡고 있다. 2층까지 빼곡하게 쌓인 책장은 마치 나무처럼 느껴진다. 이런 책 나무가 모여 있는 책 박물관은 세상의 지식을 쌓아가고 있는 지성의 숲을 이룬다. 시원한 커피 한 잔을 주문하고 경치 좋은 야외석에 자리를 잡았다. 잔잔한 호수가 눈앞에 펼쳐져 있다. 푸르른 나무와 맑은 하늘을 바라보고 있으니 며칠간 피로했던 눈이 맑아진다. 이곳에 전시된 책은 꺼내어 볼 수 없었다. 책 박물관에서 판매하는 책을 사서 책을 펼치니 선비 놀음이 따로 없다. 수목원에서는 펜션도 운영하고 있다.

나무는 햇빛과 물만 있으면 저절로 자라는 것 같지만 손이 많이 간다. 제때 가지를 쳐주고 새순을 다듬어야만 아름답게 자란다. 지식도 마찬가지다. 부족한 지식은 더 채우고 잘못된 지식은 교정을 해야 깊이 있는 지식이 쌓인다. 나남수목원의 세상에서 가장 큰 나무는 오늘도 무럭무럭 크고 있다.

# 사계절 뚜렷한 자연을 느낄 수 있는
## : 가평수목원

푸른 숲과 계곡, 자연이 함께 만들어낸 휴식공간인 가평수목원. 꾸미지 않은 자연 그대로의 모습으로 관광객을 반긴다. 숲의 무한한 매력을 느낄 수 있는 가평수목원으로 가보자.

경기도 가평군 서리산에 자리 잡은 가평수목원. 이곳이 처음부터 수목원이었던 것은 아니다. 시작은 식당이었다. 현 수목원장인 김영일 원장이 운영하던 '세이버타운 레스토랑'. 식당에 찾아오는 손님마다 음식은 물론이고, 주변 경관에 감탄하는 이가 많았다. 이에 김영일 원장은 수목원을 조성하기로 했다.

수목원 입장료를 내니 작은 병에 담긴 잣 피톤치드 방향제를 하나 준다. 수목원 산책로는 천천히 걸어도 한 시간 정도면 충분히 탐방할 수 있다. 산책로는 흙길이다. 인공적으로 꾸미지 않은 덕에 산속 오솔길을 걷는 듯한 기분이다. 길을 따라 이름 모를 풀과 야생화가 피었다. 풀잎 사이로 도시에서 보기 힘든 잠자리, 개구리, 메뚜기도 보인다.

수목원 곳곳엔 햇빛과 바람을 피할 수 있는 쉼터가 있다. 나무 밑동으

로 만든 작은 의자, 나무 기둥을 반으로 잘라 놓은 긴 벤치 등 자연 그대로를 활용한 모습이 인상적이다. 나무에 그네도 매달아뒀다.

가평수목원에선 다양한 나무를 구경하는 재미가 쏠쏠했다. 산초나무 주변에는 호랑나비가 많다. 그래서 별명이 호랑나비를 부르는 나무다. 호랑나비 애벌레는 탱자나무, 초피나무 등 강한 향을 가진 나무의 잎을 먹으며 자란다. 위험이 닥치면 강한 냄새를 내뿜는다.

가을이 되면 밤나무 숲에서 떨어진 밤송이가 나무 밑에 그대로 쌓여 있다. 떨어진 밤송이 사이를 기웃기웃하며 비어 있지 않은 것을 찾아냈

다. 양 신발 사이에 끼우고 힘껏 양쪽으로 벌리면 밤이 톡 하고 나온다. 껍질만 까서 생으로 먹었다. 싱싱한 햇밤은 달고 파삭하다.

쉽게 볼 수 없는 연리목 나무도 있다. 연리목은 서로 다른 뿌리에서 자란 나무줄기가 이어져 한 나무로 자란다. 지극한 사랑을 상징해 사랑 나무라고 불리기도 한다. 이를 보니 포천에서 유명한 연리지, 부부송이 떠올랐다. 붉나무는 가을에 붉게 물드는 모습이 예뻐서 붙여진 이름이다. 정월에 붉나무로 만든 경단을 입구에 걸어두면 귀신을 쫓아낸다고 믿었다. 잎줄기에 양 날개가 달려 날개나무라고도 부른다.

한참 나무를 구경하다 보니 어느새 해가 넘어간다. 수목원 안이 조금 어두워진다 싶었는데, 팟! 하는 소리와 함께 형형색색의 조명이 수십 그루의 나무를 밝힌다. 시원한 한여름 밤을 크리스마스의 겨울밤으로 바꾸는 순간이었다.

수목원 산책을 마치고 나왔다. 차 안에 풀썩 앉으니 호주머니에 넣어둔 잣 피톤치드 방향제가 느껴졌다. 살짝 꺼내 차 안에 뿌렸다. 잣 향이 가득하다. 수목원에서 봤던 잣나무 숲이 떠오른다. 고소한 향을 맡고 있자니, 더 고소할 잣 막국수가 떠올랐다.

# 9장

# 박물관

## 포천에서 선도하는 한과의 세계화

### : 한과문화박물관 한가원

---

명절 선물로는 한과가 딱이다. 평소엔 잘 먹지 않지만 명절의 분위기에 취하면 어떤 간식보다 맛있게 먹게 되는 과자. 포천엔 한과 명인 김규흔 신궁전통한과 대표가 있다. 전국엔 농촌진흥청이 인정한 한과 명인이 딱 두 명 있는데, 그중 한 분이다.

---

한과라고 하면 가장 먼저 떠오르는 것이 유과다. 여러 곡식의 가루를 반죽하여 기름이 지지고 튀기는 것. 어렸을 때 할머니 댁에 가면 늘 유과가 있었다. 유과를 보면 늘 할머니가 떠오른다. 유과 외에도 익힌 과일을 조청이나 꿀에 조려 만든 정과, 과일을 삶아 굳힌 과편, 견과류나 곡식을 조청에 버무린 엿강정 등이 모두 한과다.

산정호수 가는 길에 위치한 한가원은 2개 층으로 이뤄졌다. 1층엔 한과 역사관, 2층엔 한과 정보관이 있다. 한과 역사관에선 삼국시대부터부터 현재까지 이어진 한과의 역사, 한과의 종류와 만드는 과정을 한눈에 볼 수 있다. 2층에서는 다른 나라의 전통과자와 한과를 비교해 보면서 한과를 제대로 즐길 수 있는 법 등에 관한 다양한 정보를 접할 수 있다.

옛날 농기구와 북한전통과자도 있고 한과 만들기 체험, 한과 시식 등

오미자무정과
당근장미정과
인삼정과

도 즐길 수 있다.

요즘 들어 한과를 즐기는 사람이 많지 않다. 나 역시도 명절이나 특별한 날이 아니면 한과를 잘 찾아 먹지 않는다. 이렇게 한과가 대중에서 멀어지게 된 것은 1900년부터다. 그때쯤에 일본의 식생활이 우리나라에 유입되고 서양의 문화가 들어오면서 한과보다는 양과자가 각광받기 시작했다. 사탕, 젤리, 초콜릿 등. 해방 이후엔 밀가루나 유제품, 설탕 등을 재료로 한 요즘의 것과 유사한 과자류가 많이 개발되면서 전통 과자인 한과는 대중의 기호에서 점점 멀어지게 됐다. 또, 결혼이나 제사도 예전에 비해 많이 간소화되면서 한과를 예식에 사용하는 빈도도 줄어들었다. 이러한 흐름 속에서도 한과에 대한 열정을 가지고 한과의 맥을 이어온 사람이 김규흔 명인이다.

김규흔 명인은 2008년에 포천 산정호수 근처에 한과문화박물관을 건립했다. 세대가 거듭되어도 한과문화를 이어가고 싶었던 명인, 그가 한과의 맛과 매력을 많은 사람들에게 알리고 싶어 만든 곳이다. 그는 한과의 세계화를 꿈꾸며 여전히 한과를 연구하고, 한과의 대중화를 위해 애쓰고 있다. 그는 숙명여대 미식 CEO 과정을 책임지고 있는 내 동생 영실이와 친한 인연이 있다. 김 명인이 만든 한과는 청와대 명절 선물로 선택된 적도 있다. 2007년 노무현 대

통령은 설과 추석 명절 선물로 각계각층 4,500명에게 한과 세트를 선물로 보냈다. 포천에서 자란 농산물을 주원료로 포천에서 만든 한과다. 선물을 받은 사람 중 많은 사람이 한과의 맛과 모양에 감탄했다고 한다. 대통령의 선물로 선택된 포천의 한과. 한과박물관에서 그 아름다움과 달콤함에 한번 빠져보는 것은 어떨까.

**주 소** 경기 포천시 영북면 산정호수로322번길 26-9
**연 락 처** 031-533-8121
**입 장 료** 일반 3,000원 / 학생 1,500원
**운영시간** 매일 10:00 - 17:00
**휴 관 일** 월요일 휴무

## 따뜻한 태양빛과 이색 전시물이 가득한
### : 아프리카 예술박물관

포천엔 다양한 소재로 지역을 다채롭게 만드는 박물관이 많다. 한과, 담배, 산림, 술, 박물관…. 유명 관광지 근처에 위치해 감성과 지식을 채워주는 역할을 톡톡히 해내고 있다. 그중 가장 이색적인 곳이 광릉 국립수목원 근처에 있는 아프리카 예술박물관이다.

박물관은 조용히 머무르기에 좋은 곳이다. 쾌적한 공간에서 색다른 문물을 관람하면서 시공을 초월해 지적인 욕구와 감성적인 욕구를 모두 충족시킬 수 있다. 우리나라의 많은 박물관은 우리 것을 주로 다룬다. 아프리카 예술박물관은 일반인에게 덜 알려진 아프리카 문화를 소개하면서 인류문화의 다양성에 대해 생각하게 만든다.

2006년에 개관한 이 박물관엔 아프리카인들의 생활과 역사이야기와 함께 이들의 예술품이 주로 전시되어 있다. 아프리카인들은 자신의 일상에 있는 모든 것을 이용하여 다양한 예술품을 만들어낸다. 토속신앙을 기반으로 일상생활에서의 공포와 희망을 강렬하게 표현한다. 허세도, 모방도 없이 인간의 원초적인 것들을 세밀하게

표현해냈다. 어찌 보면 순수하고 소박하다. 또 어찌 보면 두렵기도 하고 무서운 생명력이 느껴지기도 한다.

사실 아프리카의 조각미술은 예술적으로도 위대한 평가를 받고 있다. 피카소, 마티스, 아폴리네르 등은 아프리카 조각으로부터 영감을 얻어서 입체파와 표현주의 미술을 완성했다. 아프리카의 조각 미술은 주로 나무를 깎은 작품들이 많은데 대부분이 인물과 신체를 표현한 것이다. 아프리카 예술박물관엔 현지에서 직접 구해 온 역사 깊은 조각품들과 현지 예술가들의 현대 아프리카 조각예술품까지 다양하게 전시되어 있다. 전시관 밖에도 큰 조형물이 곳곳에 전시되어 있다.

전시관은 모두 다섯 개. 제1, 2전시관은 각 부족의 관혼상제와 관련된 생활 도구, 제3전시관은 미술 조각품과 회화를 전시하고 있다. 제4전시관은 세렝게티 초원을 액자에 담아 아프리카의 풍경을 관람할 수 있게

했다. 나머지 전시관은 세계의 다양한 동물 모형을 전시한다. 1층엔 휴식공간과 쇼핑몰, 카페 및 키즈존이 있다. 야외 조각 전시장 근처로는 캠핑장과 체험학습장, 연못 산책로가 다채롭게 자리 잡고 있다. 가족단위로 와도 좋고, 혼자 산책하며 관람하기에도 좋다. 야외 조각공원에서 사진을 찍으면 기억에 남을 만한 사진을 찍을 수 있다.

"생각보다 볼 게 많죠? 오는 손님마다 다 그러시더라고요. 그냥 한번 와봤는데 좋다고. 아프리카엔 수천 개의 종족이 있고, 지역별로 2천 개가 넘는 부족어가 있어요. 그러다 보니 아프리카 사회는 엄청 다양하고 복잡하죠. 종족별로 고유의 문화가 있고. 늘 봐오던 동양이나 서양의 문화와는 달라요. 신비하죠."

박물관을 나서는 데 근처에 있던 직원이 말을 건넸다.

"여기서 판매하는 기념품 중 일부는 아프리카 현지에서 직접 가져온 것들이에요. 전시관에서 본 작품들이랑은 또 다른 분위기가 있죠. 1층은 또 하나의 전시실이라 할 수 있어요."

'아프리카(Africa)'란 이름은 '춥지 않고 햇볕이 밝은 땅'이라는 뜻이다. 고대 라틴어와 그리스에서 유래된 말. 포천에 있는 아프리카 예술박물관은 그 따뜻한 땅과 그 땅에서 자라난 예술혼을 엿볼 수 있는 중요한 박물관이다.

**주 소** 경기 포천시 소흘읍 광릉수목원로 967
**연 락 처** 010-9314-3600
**입 장 료** 대인 9,500원 / 소인 8,500원
**운영시간** 매일 10:00 - 18:00 (17:30 입장마감)
**휴 관 일** 월요일 휴무

## 산림정책이 가장 성공한 나라, 대한민국 산림의 역사를 배우다

### : 산림박물관

광릉 국립수목원에서 걷다 보면 문득 궁금해진다. 이곳에 있는 수목, 그리고 생명은 어떤 이야기를 가지고 있을까. 언제부터 이곳에 있었고, 앞으로 어떻게 관리될까. 그리고 숲에서 살고 있는 동물과 식물들은 어떻게 살고 있을까. 이런 궁금증을 해결해 주는 곳이 산림박물관이다.

국립수목원의 산림박물관은 1987년에 건립됐다. 우리나라 산림과 임업에 관한 자료를 수집 및 전시하고 연구하기 위해 만든 곳이다. 1980년대 이전엔 임업시험장으로 운영됐던 국립수목원. 태생이 연구기관이었고 현재도 그 역할을 이어가고 있다. 산림박물관은 그러한 연구 활동의 일부를 관람객들에게 알리는 역할을 한다.

우리나라의 산림은 일제 강점기 때 많이 훼손됐다. 1930년대에 조선총독부는 임야를 소유한 민간인들에게 묘목을 강매했다. 그리고 산주라 하더라도 산에 함부로 들어가지 못하도록 막았다. 얼핏 들어보면 산을 보호하기 위한 것처럼 들리지만 그렇지 않다. 그들이 판 묘목은 대부분 병든 것이었다. 우리나라 산주들은 묘목 대금을 꼬박꼬박 지급했지만, 산에서 자라야 할 나무들은 해가 갈수록 시들어갔다. 조선총독부가 '신림녹화'라는 임업정책을 만들고, 이를 또 다른 수탈정책으로 이용한 것이다. 중일전쟁이 터지고 나서는 산림녹화 정책을 버려두고 목재를 전쟁에 쓰기 위해 마구잡이로 벌목했다. 중일전쟁 이전엔 30㎡에 이르던 국유림 ha당 임목축적이 중일전쟁 1년 후엔 24.5㎡로 줄었다. 태평양전쟁이 일어나자, 일본은 우리나라를 병참기지로 이용했다. 그때 우리나라의 주요 목재자원이 모두 벌채됐다. 1950년대 초반 ha당 임목축적은 5.7㎡, 현재의 9% 수준이 됐다. 아마 그 상태가 그대로 유지됐다면 전국이 민둥산이 됐을 것이다.

광복 이후로 우리 산림자원을 회복하기 위한 노력을 많이 했다. 1949년, 대통령령으로 식목일이 제정됐다. 역대 대통령들이 산림자원의 회복을 위해 다양한 정책을 폈다. 1960년대엔 산림법이 만들어지고 산림청이 발족했다. 수십 년간 민·관이 노력한 결과 우리나라는 세계적인 조림 성공국으로 인정받게 됐다. 2004년, UN에선 "세계에서 산림정책이 가장 성공한 국가는 한국과 독일이다"라고 발표했다. 2006년엔 세계식량농업기구에서 "나무가 없는 국토를 단 40년 만에 녹화시킨 '치산녹화 성공국'으로 우리나라를 평가했다. 헐벗었던 국토를 성공적으로 복원하는데 50년이 넘는 시간이 걸렸다.

우리나라 산림의 역사를 알고 다른 전시관을 둘러보자. 풀 한 포기, 곤충 하나 예사로 보이질 않는다. 모두가 함께 노력해서 일군 대한민국의 숲, 그리고 그 속에 살고 있는 크고 작은 생명 그리고 사람. 몇십 년, 몇백 년 이후를 바라보는 산림, 환경 정책이 필요하다는 것을 이 박물관에서 다시 한번 깨닫고 돌아간다.

관람정보

| | |
|---|---|
| **주 소** | 경기 포천시 소흘읍 광릉수목원로 415 |
| **연 락 처** | 031-540-2000 |
| **입 장 료** | 수목원 입장료 1,000원 |
| **운영시간** | 매일 09:00 - 18:00 |
| **휴 관 일** | 일요일 휴무 / 1월 1일, 설 · 추석 연휴 |

## 머리부터 발끝까지 달달해지는 시간
### : 한국 초콜릿연구소 뮤지엄

가평군 청평면 대성리에는 고풍스러운 외관으로 사람들의 이목을 끄는 건물이 있다. 중세시대 성을 방불케 하는 이곳. 바로 한국 초콜릿연구소 뮤지엄이다. 초콜릿을 사랑하는 사람들이 운영하는 초콜릿 박물관. 초콜릿의 역사와 발달 과정을 배울 수 있는 곳이다.

성문을 열고 입장료를 내면 과자 막대기 하나를 준다. 과자 막대기를 초콜릿 분수에 담가 초코과자를 만들었다. 입에서 달달한 초코의 맛을 느끼며 박물관 구경을 시작한다.

건물 1층에선 초콜릿의 주원료인 카카오에 관한 긴 역사를 알 수 있다. 카카오를 먹었다는 최초의 기록은 기원전 3천 년경 멕시코 남부 '올멕 문명' 때다. 카카오는 주로 특권층의 사치품으로 소비됐다. 마야문명에서 카카오는 신에게 바칠 수 있는 가장 신성한 제물이었다고 한다. 카카오 풍작을 기원하며 신에게 사람을 제물로 바치기도 했다. 카카오는 화폐로도 사용됐고 토끼는 다섯 알, 여자는 서른 알, 노예는 백 알로 거래했다.

영국 초콜릿 회사인 프라이가 카카오 분말에 카카오버터를 섞어 근대

적인 판형 초콜릿을 만들어냈다. 이전까지 초콜릿은 주로 마시는 음료였다. 혁명적인 발명에 프라이는 세계적인 회사로 발돋움한다. 월튼 허쉬는 카카오버터 대신 식물성기름을 사용해 여름에도 녹지 않는 초콜릿 개발에 성공했다. 이 회사가 바로 허쉬(HERSHEYS)다. 허쉬의 초콜릿은 제2차 세계대전 때 전투식량으로도 활용되었다. 한국전쟁 이후 미군이 한반도에 들어오며 우리나라에도 초콜릿이 대중적으로 알려지기 시작했다.

박물관 2층에선 초콜릿을 직접 만들어볼 수 있다. 순도 99.9%의 다크초콜릿 만들기, 초콜릿 원판 위에 견과류와 말린 과일을 얹어낸 망디앙 만들기 등을 체험할 수 있다. 빼빼로데이나 밸런타인데이 전에는 특

포레스트 마스
Forrest Mars
초콜릿 업계의 폭군
명성황후
Empress Myeongseong
국내 최초의 초콜릿

별한 초콜릿을 만들 수도 있다.

체험 중 맛보는 초콜릿은 꽤 달다. 온몸이 녹아내리는 기분이다. 원래 카카오는 단맛이 아닌 쓴맛이다. 1530년 이후부터 카카오에 설탕을 넣기 시작하면서 초콜릿이 달달해졌다. 고대에 카카오는 다양한 치료 효과가 있는 약으로도 쓰였다. 하지만 지금은 비만과 각종 건강을 해치는 음식으로 여겨진다. 성인병 예방뿐 아니라 비만 억제 효과까지 있는 카카오로서는 다소 억울한 일이다.

초콜릿은 오감으로 즐기는 음식이다. 보고, 듣고, 맡고, 느끼고, 맛보고. 온몸으로 초콜릿을 즐기고 나오니 세상이 달콤하게 느껴진다. 손에 가득한 초콜릿과 함께라면 당분간은 달콤한 날이 계속될 듯하다.

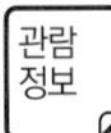


**주　　소** 경기 가평군 청평면 경춘로 157
**연 락 처** 031-585-4691
**입 장 료** 11,000원
**운영시간** 10:00 - 20:00

# 아티스트와 관객이 함께 만드는 예술
## : 인터랙티브 아트 뮤지엄

인터랙티브(Interactive)를 한글로 번역하면 '상호적인'이다. 인터랙티브 아트에서 아티스트는 자신이 하고 싶은 말을 다양한 형태로 표현한다. 빔을 쏘고, 조명을 비추는 등 형식에 구애를 받지 않는다. 여기서 끝이 아니다. 관객의 움직임에 작품이 반응을 일으키거나 관객이 작품 일부가 되어 인터랙티브 아트가 완성된다. 가평에는 이런 인터랙티브 아트를 즐길 수 있는 박물관이 있다.

관객이 작품 속으로 들어가는 신개념 미술 콘텐츠, 인터랙티브 아트. 고(故) 백남준이 대표적인 인터랙티브 아티스트다. 그는 관객에게 악기를 연주하게 하거나, 스크린에 그런 관객을 비추는 등 다양한 방법으로 작품 속에 청중의 참여를 유도했다.

가평 인터랙티브 아트 뮤지엄은 폐교한 학교 부지를 활용해 세웠다. 운동장에는 초록빛 잔디가 깔려 있고 그 위로 다양한 작품이 설치되어 있다. 작품마다 어떤 의미를 담고 있을까 생각해보며 천천히 발을 디뎠다. 이 박물관에는 관람객에게 작품을 설명해주는 안내인 '도슨트'가 있다. 도슨트와 함께하면 작품의 숨은 의미 등을 알 수 있어 조금 더 쉽고 재밌게 인터랙티브 아트를 즐길 수 있다.

전시관은 굉장히 화려하다. 형형색색의 조명을 활용한 작품이 전시관

이곳저곳을 비춘다. 김해민 아티스트의 〈R.G.B〉 칵테일은 비디오 이미지를 칵테일 잔 위에 투사했다. 빛의 삼원색인 빨강, 녹색, 파란색이 합쳐져 다양한 색을 잔 위에 만들어낸다. 칵테일의 무궁무진한 색과 맛을 변하는 잔으로 표현했다.

여기저기서 놀람과 환호의 소리가 들린다. 특히 아이들은 이곳저곳 뛰어다니며 작품에 다양하게 반응한다. 기존의 엄숙한 미술관이나 박물관과는 전혀 다른 분위기지만 이 또한 인터랙티브 아트의 한 부분이다.

작품에 IT 기술을 접목해 신선한 효과를 만든 작품도 있다. 이재형 아티스트의 〈Emotion machine project〉는 인터넷 공간에서 실시간으로 이루어지는 댓글이 작품에 나타난다. 화면 속 얼굴은 긍정적인 댓글이

많으면 웃고, 부정적인 댓글이 많아지면 슬픈 표정을 짓는다. 최근 심각한 사회 문제로 대두되고 있는 악플에 대한 경각심을 느끼게 하는 작품이다.

예술은 쉽지 않다고 생각했다. 가만히 서서 숨겨진 의미를 찾아야 하는 정적인 것이라 생각했다. 하지만 어쩌면 너무 멀리 있는 것은 아닐지도 모르겠다. 사람들이 살아서 움직이는

것이 어쩌면 모두 다 예술일 수도 있겠다. 세상에 존재하는 것의 대부분은, 사람들이 어울려 살아가는 중에 파생되는 것이니까. 오늘, 어쩌면 나도 세상을 아름답게 하는 예술의 일부로서 살아갈 수 있지 않을까 생각하게 됐다.

관람정보

**주　　소** 경기 가평군 가평읍 호반로 1655
**연 락 처** 070-8899-4251
**입 장 료** 성인 8,000원 / 청소년 6,000원
**운영시간** 매일 10:00 - 18:30

## 농업문화에 대한 기억 저장소

**: 가평 현암 농경유물박물관**

---

농자천하지대본(農者天下之大本). 이는 농사가 천하의 큰 근본이란 뜻으로 농업의 중요성을 강조한 말이다. 우리나라도 50년 전까지만 해도 농사가 모든 산업의 중심이었다. 시골의 젊은이는 진작 도시로 떠났다. 농업인구가 줄면서 농업과 관련된 정보와 물건도 빠르게 사라졌다. 사라진 농업문화에 대한 아쉬움을 '가평 현암 농경유물박물관'에서 조금이나마 달랠 수 있다.

---

'가평 현암 농경유물박물관'은 급속한 산업화로 사라져가는 소중한 농업 문화를 지키기 위해 만들어졌는데 농업에 관련된 장비와 정보로 전시실을 가득 채웠다.

1층 전시장 중앙에는 연출관이 있다. 연출관은 선조들의 생활 모습을 그대로 재현해뒀다. 어렸을 때는 집집마다 항아리, 달구지, 망태기 등이 있었다. 하지만 지금은 TV에서도 겨우 볼 수 있을 정도로 귀하다. 보면 볼수록 옛 기억이 떠오른다.

연출관에서 나오면 가공관이 나온다. 가공관에서는 곡식을 가공할 수 있는 민속품 255점을 관람할 수 있다. 곡식을 담는 용도인 뒤주는 사도세자가 갇혀 죽은 곳으로 더 유명하다. 가공관과 이어진 민속관에는 혼례, 차례 등 농경사회에 주로 사용했던 가사 도구가 전시되어 있다. 대나

무를 엮어 만든 도시락, 숯불을 넣어서 사용했던 다리미, 소여물을 섞을 때 사용하던 소여물 갈고리 등 재밌는 볼거리가 많다. 가공관 2층에는 맷돌 갈기, 목화에서 실뽑기 등을 체험할 수 있다. 조심스레 어처구니를 잡고 맷돌을 돌렸다. 어릴 적 메밀을 갈아 국수를 만들어 먹던 기억이 스쳐 지나간다.

다시 밑으로 내려와 추수관으로 향했다. 이곳은 추수에 관련된 농기구가 전시되어 있다. 탈곡기부터 벼를 터는 그네, 가루를 곱게 치거나 액체를 거르던 체, 곡물을 갈아내던 맷돌. 이런 기구는 보기만 해도 수확의 기쁨이 느껴진다. 이렇게 수확한 곡식은 먹거나 혹은 팔아서 생계에 보탬이 됐을 테다.

농경유물박물관에 다녀오면 키우고, 수확하는 행위에 대해 다시 한번 생각해보게 된다. 많은 종류의 산업이 있지만, 결국 모든 것은 의식주를 해결하기 위한 것이다. 그런 산업 중 가장 1차적인 것. 바로 농업이다. 어쩌면 아직까지도 농사가 천하의 근본인 것일지도 모르겠다. 어린이들에게는 부모 세대가 어떻게 자라왔는지를 쉽게 설명할 수 있는 산교육장이 될 것 같다. 관람료는 무료.

관람정보

**주　소** 경기 가평군 북면 석장모루길 13
**연 락 처** 031-581-0612
**운영시간** 매일 09:00 - 16:30

## 화폐로 떠나는 세계여행

### : 코버월드

---

세상의 모든 돈이 모여 있는 곳. 포천의 화폐박물관 코버월드다. 이곳은 '건 엔지니어링' 대표 조진영 관장이 어릴 때부터 30여 년간 세계를 돌아다니며 모은 화폐를 전시한 사립 박물관. 2019년 3월에 개관한 이곳에선 세계 각국의 화폐 20만여 점을 볼 수 있고 그 화폐에 새겨진 여러 나라의 이야기를 들을 수 있다.

---

코버월드는 전 세계 각국의 화폐를 관람할 수 있는 복합 문화공간이다. 1층에는 화폐 만들기 체험과 해외 민속의상을 입어보는 체험을 할 수 있고 2층에는 대륙별로 사용하는 화폐를 관람할 수 있다. 아시아관, 유럽관, 아프리카관, 오세아니아관, 아메리카관이 있다. 조진영 관장 한 사람이 모은 화폐라고 하니 놀랍다. 이곳에서 가장 소장 가치가 높은 화폐는 '전세계 동전박물관'에 모인 동전들이다. 사실 현재 유통되는 화폐 위주로 수집 중이라 보는 사람에 따라 그 가치를 다양하게 판단할 수 있다.

조진영 관장은 "묵묵히 끝을 보는 고집과 근성으로 불혹의 나이를 지나 이제야 소망했던 꿈을 찾아 행복한 한숨을 쉬게 됐다."고 한다. 오랜 시간 여행과 출장을 통해 모은 화폐다. 화폐박물관이 산정호수, 포천아트밸리, 허브아일랜드와 같이 포천의 랜드마크로 거듭나는 것이 조 관장

의 바람이다.

박물관 코디네이터의 친절한 설명을 들으며 박물관을 관람하니 혼자 둘러보는 것보다 훨씬 유익했다. 박물관 곳곳에는 QR코드도 있다. 화폐에 관한 궁금증이 생길 때 휴대폰만 갖다 대면 손쉽게 정보를 얻을 수 있다.

각 나라의 화폐 앞면에는 나라를 대표하는 인물의 초상이 들어가고 뒷면에는 동물과 자연의 풍경이 그려져 있다. 우리나라도 마찬가지. 천 원 지폐 앞면에는 이황을, 뒷면에는 정선의 '계상정거도'를 넣었다. 가장 최근에 발권한 오만 원 권에도 앞면엔 신사임당, 뒷면엔 조선 중기 화가 어몽룡의 '월매도'와 이정의 '풍죽도'가 그려져 있다.

박물관에는 소원을 들어주는 보물상자함이 있다. 상자에서 2m 정도 떨어진 곳에서 소원을 빌고 동전을 던져서 들어가면 소원이 이뤄진다고 한다.

집으로 돌아와서 보니, 서랍 곳곳에 해외여행의 흔적인 외국 동전 몇 개가 있다. 그 동전을 손에 올려 만져보니, 가족과 함께 즐긴 여행의 추억이 떠오른다. 아이스크림을 사 먹을 때 썼던 홍콩 동전, 택시비를 지불할 때 썼던 바트화. 화폐가 불러일으킨 외국 여행에의 향수. 지금 당장 다시 떠나지는 못해도, 기억을 더듬으며 다시 과거의 여행을 즐기게 됐다. 어디를 가든, 그 지역의 화폐를 조금씩 보관해보는 것도 좋을 것 같다. 사진처럼 선명하진 않아도, 기억 깊은 곳에 자리 잡은 여행의 추억을 떠올릴 수 있도록.

관람정보

**주 소** 경기 포천시 군내면 청성로 72
**연 락 처** 070-4189-8668
**입 장 료** 개인 6,000원
**운영시간** 평일 10:00 - 17:30
**휴 관 일** 일요일 · 명절 휴관

10장

# 양조장

# 가평을 대표하는 술을 만듭니다

## : 우리술 양조장

가평의 유명 관광지 근처를 지나거나 식당에 들어가면, 꼭 보게 되는 게 하나 있나. 초록색 병, 검은 띠, 노란 잣알 그림. 바로 가평 우리술 양조장의 '가평 잣 생막걸리'다. 운악산에서 흘러나오는 조종천 옆으로 우리술의 생산 공장이 보인다.

가평 조종 지역에서 시작된 우리술(대표 박성기)의 역사는 1928년 '조종 양조장'을 시작으로 90년이 넘어간다. 그 후 1994년엔 '농주'로, 1999년 '운악산 술도가'로 이름이 바뀌었다가 2003년 법인화 이후 지금의 '우리술'이라는 이름을 갖게 됐다. 우리술의 막걸리 생산 공장 규모는 12,000m²로 경기도에서 가장 크다. 축구장 하나 반 정도 크기의 이 공장에선 하루 최대 10만 리터, 연간 3만 톤의 술이 만들어진다. 공장은 캔주입기, 자동제국기, 후살균기, 자동로봇적재기 등 다양한 최신 시설을 갖추고 있고, 2013년에는 막걸리 업계 최초로 HACCP(위해요소중점관리기준) 인증을 받아

체계적인 위생관리를 인정받았다.

벽 한쪽에는 우리술의 여러 제품들과 국내외 수상내역 소개가 가득하다. 2014년 '가평 잣 생막걸리'는 대한민국 주류대상 '대상'을 받았고, 2015년에는 대한민국 우리술 품평회에서 '최우수상'을 수상했다. 세계 3대 주류 품평회로 꼽히는 영국 주류품평회 'IWSC'와 벨기에의 '몽드셀렉션', 그리고 미국의 'SWSC' 수상 내역도 눈에 띈다. 또한, 2018년에는 '가평 잣 막걸리'가 청와대 만찬주로 선정되기도 했다.

우리술 제품 중 가장 유명한 건 역시 '가평 잣 생막걸리'다. 잣은 가평의 유명한 특산물로, 채취부터 가공까지 정성이 많이 들어간다. 높은 가지 위의 잣송이를 따서 작은 알을 하나하나 손으로 빼낸 뒤 다시 얇은 껍질을 까는데, 이때 껍질과 잣눈을 모두 떼어낸 것이 백잣, 그렇지 않은

것이 황잣이다. 까기 쉽게 한 번 기계로 데쳐내는 백잣과 달리 황잣은 손으로 껍질을 까야 한다. 수작업으로만 얻을 수 있어 백잣보다 비싸지만, 향이 훨씬 진하다. 우리술은 황잣을 직접 들여와 수작업으로 까서 사용한다. 잣 외에도 막걸리에 사용하는 재료는 항상 좋은 것으로 준비한다. 막걸리의 주재료인 쌀은 꼭 국내산을 사용한다. 2010년부터는 막걸리 전용 쌀 계약재배를 통해 김포시의 쌀을 사용하고 있다. 막걸리 제조에 가장 중요한 물도 가평의 지하 250m 암반수만을 사용한다. 이렇게 정성으로 만들어낸 막걸리로, 우리술은 결국 '가평 잣 생막걸리'라는 브랜드화에 성공했다. 우리술은 이외에도 '톡 쏘는 쌀막걸리', '대통주', '복분자 막걸리'와 '고구마 동동', '알밤 동동' 등 다양한 제품을 시장에 계속 선

보이고 있다.

우리술은 관광객을 위한 프로그램도 운영하고 있다. 10인 이상 단체라면, 30분~2시간 정도의 견학과 체험 프로그램을 신청할 수 있다. 견학 프로그램을 통해 공장을 둘러보며 전통주의 역사와 만들어지는 과정에 대해 배울 수 있고, 체험 프로그램에선 직접 막걸리를 만들어보거나 시음할 수도 있다.

돌아오는 길, '가평 잣 생막걸리' 한 병을 샀다. 한 잔 가득 채우니 가평의 물과 산, 그리고 정성이 가득 들었다.

# 전통술의 문화와 가치를 직접 만날 수 있는 곳

## : 전통술 갤러리 산사원

---

1996년, 국순당에서 독립한 배상면주가는 포천에 자리를 잡았다. 인공감미료 없이 쌀과 누룩, 물만 가지고 막걸리를 빚으려면 물이 특히 중요한데, 포천의 물이 빼어나기 때문이다. 2002년엔 전통술 갤러리를 만들고 이름을 '산사원'이라고 지었다. 산사원은 산사나무의 정원이라는 뜻으로 전통술 유물을 전시하고 관련 교육과 시음, 체험을 제공하는 전통술 갤러리이다.

---

배상면주가의 산사원은 크게 전통술박물관, 우곡기념관, 그리고 시음 판매장이 있는 본관 건물과 커다란 술항아리들이 가득 늘어서 있는 '세월랑'과 근대 양조장을 재현해 놓은 '부안당', 산책로와 카페 등이 있는 넓은 정원으로 나눠진다. 관람 순서는 본관을 먼저 본 후 정원으로 이어진다. 본관 관람은 다른 박물관과 다르게 조금 독특하게 시작된다. 박물관 입구에 도착했다면, 가장 먼저 해야 할 일은 우선 본관 문 옆에 있는 초인종을 누르는 것이다. 특이하게도 산사원 박물관의 입구는 관람시간에도 항상 닫혀 있다. 주변엔 안내 직원이나 매표소가 없어 처음엔 조금 당황스러울 수 있지만, 초인종을 누르면 바로 문이 열리고 박물관 안으로 들어갈 수 있다. 1층 박물관을 모두 돌아본 뒤 장터와 우곡박물관이 있는 지하로 내려가서 입장료를 낸다.

1층 박물관 입구 쪽에는 가양주 유물이 전시되어 있는데, 항아리와 키, 쌀을 담던 되, 호미, 용수 등 친숙한 옛날 부엌용품들이 많다. 가양주는 각자 집에서 담가 제사나 손님 접대 등을 위해 집에서 사용하던 술을 말한다. 우리나라 전통 술 문화도 이렇게 집집마다 직접 술을 담가 먹는 가양주 문화였다. 그래서 술을 빚는데 사용한 유물들도 친숙한 부엌세간들이 많다.

지하로 내려가면 전통술을 시음하고 구입할 수 있는 판매장터가 나온다. 장터 가운데에 시음이 가능한 카운터가 있는데 카운터에 입장료를 내고 나면 시음용 컵을 받아 이용할 수 있다. 여러 종류의 막걸리와 약주가 준비되어 있어 다양한 전통주를 시음할 수 있다. 판매장터를 나갈 때 입장료 영수증을 제출하면 입장 인원 1인당 한 병씩 막걸리를 받을 수 있다. 판매장터 출구는 바로 우곡기념관으로 이어진다. 국순당 창업주인

酒
酒
酒
酒

우곡 배상면 선생의 전통주에 대한 연구 열정을 볼 수 있는 곳으로, 생전에 사용하던 실험도구와 연구일지, 서적이 전시되어 있다. 기념관의 벽을 가득 채우고 있는 연구일지가 인상 깊다.

본관 관람 후 산사정원 '느린마을'로 향한다. 가장 먼저 만나게 되는 곳은 전통 증류주 숙성고인 '세월랑'이다. 여든여덟 개의 소나무 기둥을 휘어진 그대로 사용해 지었다는 세월랑에는 400여 개의 커다란 술항아리가 줄지어 서 있다. 각 항아리에는 숙성 중인 55도 이상의 증류주가 담겨 있다. 세월랑 건물엔 벽이 없는데, 이는 포천의 날씨를 활용하기 위함이다. 일교차와 연교차가 심한 포천의 날씨는 증류주 숙성에 최적의 환경을 제공한다. 커다란 항아리 사이를 걷다 보면 우곡루가 나타난다. 우곡루 1층 카페에선 전통술을 체험하거나 차를 마시며 쉴 수 있고, 2층 누각에선 운악산과 세월랑의 경치를 감상할 수 있다. 이외에도 막걸리 도가의 기물들이 전시되어 있는 부안당, 담양 소쇄원 광풍각을 따라 지었다는 정자 취선각, 산책로 등을 돌아보며 정원의 정취를 느낄 수 있다.

## 3대째 이어온 전통

### : 포천 내촌양조장

포천과 가평의 여러 대형 양조장 사이에서도 맛 하나로 당당히 경쟁해온 양조장. 바로 포천시 내촌면에 위치한 내촌양조장이다. 포천시민들이 가장 많이 찾는 것이 내촌막걸리다.

내촌양조장은 포천에서 가장 오랜 역사를 가진 양조장이다. 1928년 설립되어 햇수로는 이제 90년이 넘었다. 사실 오랜 역사를 가지고 있는 양조장은 다른 지역에도 있지만, 내촌양조장은 그 중에서도 특별하다. 많은 양조장이 중간에 주인이 바뀌거나 이름이 바뀌고, 양조장 자리를 옮기기도 했지만 내촌양조장은 이수환 선생이 설립한 후 지금까지, 3대에 걸쳐 계속 한자리를 지켜왔기 때문이다. 지금은 이흥규 대표이사가 양조장을 맡고 있다.

내촌양조에서 생산하는 전통술은 크게 두 가지이다. 쌀과 찹쌀로 만드는 생막걸리와 전통 약주 '노미'다. 모두 대를 이어 내려온 전통 방식대로 만든다. 생막걸리 도

수는 5도로 다른 양조장의 평균적인 막걸리 도수인 6도 보다 1도 낮다. 보통 쌀·찹쌀막걸리가 주재료인 쌀과 찹쌀만을 사용하는 것과 달리 내촌양조장의 막걸리에는 밀이 들어간다. 찹쌀막걸리에는 찹쌀 함유량이 50%가 넘어갈 만큼 많이 들어있다. 덕분에 일반 쌀, 찹쌀막걸리와는 다른 고유의 맛을 내는데, 이 맛과 청량감 때문에 전통주 마니아들 사이에선 꼭 맛봐야 하는 막걸리로 입소문이 났다. '노미'는 최고급 찹쌀과 누룩만을 사용해 담는 전통 약주로, 도수가 18도에 달한다. 숙성 시간이 5~6개월 정도로 길기 때문에 1년에 단 2번만 생산 가능한 귀한 술이다. 2009년 경기도 명품주 선정을 시작으로, 대한민국 전통주품평회 은상, 2010년 경기도 전통주 최우수상 등 다수의 수상 경력을 가지고 있다. 2010년엔 또한 대한민국 우리술품평회의 전통주 최우수상을 수상하기도 했다. '쌀로 빚은 이슬'이라는 뜻을 가진 이 고급 약주는, 보통 설과 추

국내 전통주
다수 수상
막걸리
18 Nomi

막걸리

석 등 명절 기간에 맞춰 나온다. 이 기간을 지나면 내촌양조 사무실로 직접 와도 구하기가 어려울 만큼 인기가 높다. 내가 사무실을 방문한 날에는 공장 사무실에 딱 한 병만 남아 있었는데, 이조차 판매용이 아니었다. 아쉬운 마음을 달래려 사진만 몇 장 찍었다.

내촌양조장은 따로 관광객용 시음행사나 체험 프로그램을 운영하고 있지 않고, 막걸리 생산 과정이나 공장 내부도 외부에 공개하지 않는다. 그럼에도 개인 방문객이 자주 찾아오는 편인데, 소매로 전통주를 구매하기 위해서다. 내촌양조의 전통주는 주로 포천 인근에서만 판매되고, 서울이나 다른 지역으로는 들어가지 않는다. 서울 인근 가장 가까운 판매지도 남양주시 별내동까지는 가야 한다. 그래서 이 입소문 난 쌀, 찹쌀 생막걸리를 사기 위해 타 지역 손님들이 양조장을 찾는 것이다. 부담 없는 가격도 손님들을 양조장으로 이끄는 이유 중 하나다. 맛있다고 소문난 전통주가 1.2L에 2,000원 정도밖에 하지 않으니 근처를 지나가던 손님들이 일부러 사무실까지 찾아와 박스째로 막걸리를 사간다. 양조장까지 오기 어려운 사람들의 택배 주문도 많아, 공장 한쪽에는 매일 나가야 하는 택배 물량이 잔뜩 쌓여 있다.

한자리에서 꾸준히 쌓여온 시간이 전통이 되고, 대를 이어 내려온 생업이 훌륭한 명품 전통주로 탄생한 곳. 공장 벽에 걸린 내촌양조장 현판이 보인다. 오래된 나무 현판에 딱 그만큼의 세월이 묻었다.

## 포천의 막걸리를 알린 일등공신

**: 이동주조**

'포천을 대표하는 술이자 국내 수출 막걸리의 대명사'. 포천시 문화관광 홈페이지 '포천으로 떠나는 여행'이 '이동주조'의 대표 술인 '이동막걸리'를 소개하는 말이다. '막걸리는 포천'이라는 브랜드를 형성하는 데 지대한 공헌을 한 것으로 평가받는 양조장. 바로 포천 이동의 이동주조다.

이동막걸리로 유명한 이동주조는 물맛에 반해 포천 이동에 자리를 잡은 양조장이다. 백운산 물맛에 반한 창업주가 1957년 '한일 탁주공장'이라는 상호로 문을 열었고, 1995년 이동주조로 이름을 변경했다. 백운계곡 인근에서 암반수를 끌어올려 만드는 이동 생막걸리가 빛깔이 곱고 맛이 좋다고 입소문이 나며 전국적으로 유명해지기 시작했고 1987년엔 포천군의 향토음식으로 지정되기도 했다.

이동막걸리의 명성을 이해하기 위해선 몇 가지 이유를 더 알아야 한다. 첫 번째는 군부대가 많은 포천의 지역적 특성이다. 주머니 사정이 좋지 않았던 군인들이 부담 없이 즐길 수 있었던 술이 막걸리였고, 포천에서 군 생활을 한 군인들이 제대 후에도 그 맛을 잊지 못해 다시 찾으면서 유명해졌다는 것이다.

두 번째로는 이동주조의 브랜드 효과가 꼽힌다. 포천 이동막걸리가 일본에서 소위 공전의 히트를 쳤다는 게 알려지면서, 국내에서도 '포천' 하면 바로 막걸리를 떠올릴 만큼 강력한 브랜드 효과가 생겼다. 이 브랜드 효과를 만들어낸 건 이동주조의 도전정신이다. 1965년 '순곡주' 제조를 금지하는 양곡관리법이 발표되면서, 당시 막걸리 업체의 반 이상이 문을 닫았다. 이동주조는 이 위기를 돌파하기 위해 당시만 해도 낯선 개념이었

"텁텁하면서도 감칠맛 일품"

포천막걸리

지하2百m 맑은물로 빚어

백운계곡 판매장 즐비…파주 손두부도 별미

수도권 名物

텁텁하면서도 새콤 달콤한 감칠맛으로 유명한 포천이동막걸리가 지난1월 9일 일본북해도에 첫수출된이후 수입요청이 쇄도하는등 한국의 맛을 대표하는 명물로 자리잡고 있다.

포천의 이동막걸리와 더불어 명물이 된 파주골 「손두부」가게.

동아일보 기자 시절 취재한 포천 이동막걸리 소개 기사

이동막걸리
공장

던 막걸리 해외수출을 시도했다. 보관 기간이 긴 살균 막걸리가 아직 개발되기 전부터 생막걸리를 들고 일본 시장을 두드렸고, 일본에 막걸리 TV CF를 처음으로 내보내기도 했다. 이후 살균 막걸리가 개발되며 일본 수출 물량이 폭발적으로 늘어났고 일본 외에도 미국이나 중국 등 다른 수출 건도 증가했다.

세 번째로는 변하지 않고 유지되어온 맛을 들 수 있다. 좋은 물로 술을 담아도, 술을 숙성시키는 환경이 달라지면 술맛은 바로 바뀐다. 이동주조는 전통 숙성 방식을 고수하는 것으로도 유명한데 '술은 항아리 안에서 익어야 한다.'는 신념 하에 꼭 항아리에만 술을 담았다. 이 때문에 많을 때는 360L의 커다란 술항아리가 300개가 넘었다고 한다. 전통 숙성 방식을 고수해온 덕분에 60년 시간 동안 이동주조 특유의 막걸리 맛을 계속 지켜올 수 있었던 것이다.

좋은 물, 전통을 지키는 고집, 추억을 떠올리게 하는 고유의 맛, 그리고 어려움에 굴하지 않는 도전정신까지. 이동주조는 그렇게 포천을 대표하는 막걸리가 되었고, '막걸리는 포천'이라는 전국적 인지도를 만들어냈다.

동아일보 기자 시절, 수원에서 경기도청 출입기자를 지낼 때 고향의 명물이었던 이동주조에 대해 기사를 쓸 기회가 있었다. 이때 이 멋진 양조장을 전국에 알리겠다는 일념으로 정성스럽게 기사를 작성했었다. 당시 이동주조 대표로부터 감사의 뜻으로 식사를 대접하겠다는 연락을 여러 번 받았으나, 고향을 위해 당연히 할 일을 했다는 생각에 고사했던 기억이 난다. 이동주조가 다시 한번 막걸리 시장을 평정할 날이 올까?

# 전통을 잇고 새로움을 더하다
## : 포천의 막걸리 양조장

막걸리의 고장 포천에는 예부터 크고 작은 양조장이 많았다. 시대가 바뀌고 술 문화가 달라지면서 전통주 시장에도 변화의 바람이 불었고 많은 양조장이 사라졌지만, 여전히 그 자리에서 전통을 지키고 있는 양조장도 있다.

'포천 막걸리'는 역사가 100년이 넘어가는 명가다. 1915년에 설립된 뒤 지금까지 지역의 여러 양조장과 통합하며 포천 막걸리의 이름을 이어왔다. 1989년에 포천 관내 양조장 4곳이 합쳐져 현재의 포천 막걸리로 발전했다. 1994년에 현재의 군내면 직두리로 이전한 후 '포천 양조' 법인을 설립했고, 1998년 지금의 포천 막걸리로 이름을 바꾸었다.

역사가 오래된 만큼 전국적으로 유통망도 잘 조성되어 있어서 서울에서 제주도까지 납품하고 일본과 대만 등 해외 수출도 활발히 하고 있다. 여러 제품 중 가장 인기 있는 제품은 생막걸리인 '포천 쌀막걸리 골드'와 동동주인 '춤추는 찹쌀 동동주'다. 원래도 유명하던 포천 막걸리가 더 유명해진 건 북한 김정일 국방위원장과의 일화 덕분이다. 1998년 현대 고 정주영 회장의 방북 때 한국의 막걸리 이야기가 나왔고, 이후 2000년 8월

에 북한으로 국내 막걸리 30종이 선물로 보내졌다. 이때 전국의 막걸리를 맛본 김정일 국방위원장이 가장 맛있다고 극찬한 것이 포천 막걸리였던 것.

포천 이동에 이동막걸리가 있다면, 일동엔 일동 막걸리가 있다. '1932 포천 일동막걸리'는 이름 그대로 1932년에 설립된 양조장으로, 포천 일동에 자리하고 있다. 2008년 '상신주가'로 상호를 변경했다가 2013년에 지금의 1932 포천 일동막걸리로 이름을 바꿨다. 80년 전통의 이 양조장이 강조하는 것은 전통 비법과 물이다. 그래서 물 좋은 포천에 자리 잡은 뒤, 단 한 번도 포천 일동 밖으로 생산시설을 이전한 적이 없다.

'술 빚는 전가네 양조장'은 2004년에 문을 열었다. '오래 남는 우리 술'을 목표로 하는 이 양조장은 '산정호수 동정춘 막걸리', '궁예의 눈물', '붉은 산정호수' 등 지역의 특징과 역사를 반영한 독특하고 아름다운 이름의 술을 담근다. 가장 인기 있는 제품은 '산정호수 동정춘 막걸리'와 '배꽃 담은 연'이다. 대부분의 막걸리 도수가 6도인 것과 달리, '배꽃 담은 연'의 도수는 10도로 비교적 높은 편이라 특색 있는 막걸리를 찾는 사람들이 자주 찾는다. 또한 '산정호수 동정춘 막걸리'는 2018년 우리술 품평회 탁주 부문에서 대상을 타는 등, 100년 가까운 역사를 자랑하는 전통 있는 양조장이 많은 포천에서 비교적 짧은 역사로도 당당히 자리를 잡고 있는 내실 있는 양조장이다. '술은 음식이고, 음식이기 때문에 맛있어야 한다.'라는 신념을 가진 이 양조장은 독특하게 주막도 함께 운영하며, 전통주와 어울리는 음식을 함께 팔고 있다.

옛 맛을 지키고 발전시켜온 전통의 명가와 젊은 양조장의 새로운 도전이 어우러지면서 포천의 막걸리는 계속 발전하고 있다. 오랜 전통과 끈기, 새로운 도전정신을 갖춘 포천의 막걸리. 거기다 맛있기까지 하다니. 이래서 다들 포천 막걸리, 포천 막걸리 하나보다.

11장

# 연인 / 가족 관광지

# 숲속에 자리한 아름다운 정원

## : 서운동산

서운동산엔 유난히 데이트를 하는 사람이 많다. 연인, 부부 그리고 엄마와 자녀. 친한 사람 둘 셋 정도가 모여 조용히 걷거나 나무 밑에 마련된 의자에 앉아 이야기를 나눈다. 작고 아담한 비밀의 정원, 그리고 조용한 손님들. 서운동산에 관한 내 이미지는 늘 이랬다.

작고 소담한 정원을 보고 싶을 때 나는 서운동산에 간다. 고향 포천으로 다시 돌아왔던 2019년 5월, 그 맑았던 봄날에 서운동산을 알게 됐고, 그 이후로 정원이 보고 싶을 때마다 가볍게 들른다.

서운동산은 죽엽산 일대에 자리 잡은 대한민국 관광농원 제1호다. 국립수목원 근처에 있어 주변 경관이 좋다. 사실 이곳은 TV 광고나 드라마 등에서 많이 소개된 곳이다. '사진발이 좋은 여행지 101곳'에 선정되기도 했다.

서운동산 입구에 들어서기만 하면 서운동산이 사랑받는 이유를 알 수 있다. 동산 내에 위치한 호수와 예쁜 정자. 초록의 평탄한 잔디와 그 안에 우뚝 솟아 있는 나무. 물길을 따라 조성된 꽃길과 호수. 물가 근처엔 오리가 자유롭게 뒤

뚱거리며 산책로를 오가며, 숲속의 작은 집 같은 카페와 레스토랑까지 있다. 언젠가 TV에서 본 영화 〈말레피센트〉에 나왔던 아름다운 숲 '무어스'의 장면이 떠오르는 곳. 서운동산은 정원의 정석 같은 곳이다.

서운동산에서 가장 좋아하는 곳은 호수정원이다. 동산 한가운데에 자리한 이 정원엔 향나무, 수국, 작약, 갈대, 부들 등이 호수를 둘러싸고 있다. 맑은 호수 속에는 비단잉어, 거북이, 피라미가 보인다. 다양한 종류의 오리와 거위가 호수 근처를 줄지어 걷고, 물수제비처럼 호수 위를 날아가기도 한다.

오리떼 근처로 슬금슬금 다가갔다. 오리 몇몇이 고개를 갸우뚱하더니

그들도 내 쪽으로 걸어온다. 아마 사람들이 주는 먹이에 익숙해진 모양이다. 다섯 마리 정도가 내 발밑까지 오더니 지들끼리 꽥꽥, 알 수 없는 얘기를 주고받는다. 딱히 오리에게 줄 먹이가 없었던 나는 그저 동상처럼 가만히 서 있었는데, 떨어질 콩고물이 없다는 걸 금세 알아챈 오리들은 빠르게 방향을 돌려 호수로 돌아갔다.

예전에 한 지인이 "인공적으로 꾸민 곳은 멋이 없다. 자연을 그대로 보존한 곳만이 진짜 멋있는 곳이다."라고 한 적이 있다. '인공'이라는 단어가 주는 딱딱한 어감 때문에 당시엔 그 말에 동의했지만, 가만히 생각해보면 꼭 그렇지만은 않은 것 같다. 사람이 꾸민 숲, 사람이 만든 정원은 사람이 혼자서 만든 것이 아니다. 사람과 자연이 함께 서로가 어울려 사는 모습을 재현한 곳이다. 이런 정원이 사람들에게 많이 알려지고, 이곳을 방문한 사람들이 자연의 아름다움과 소중함을 알게 되는 것이 중요하다. 사람과 자연은 하나로, 모두가 하나의 생명으로 존중받고 보호받을 수 있는 세상이 오기를 바란다.

# 폐채석장이 보여주는 과거, 그리고 시간의 힘

## : 포천아트밸리

포천아트밸리는 폐채석장을 예술공간으로 환골탈태시킨 곳이다. 자연과 사람의 관계에 대해 생각해야 할 때 아트밸리는 그 답을 말해준다. 사춘기 늦둥이 딸아이의 반짝이는 눈을 오랜만에 이곳에서 봤다.

포천을 다니다 보면 깎여나간 산이 종종 보인다. 반월성지에 올라 포천 시내를 둘러볼 때도, 구리포천 고속도로 위에서 빠르게 포천을 훑어볼 때도, 바위가 반듯하게 드러난 산의 맨살이 보인다. 이는 모두 채석산업의 흔적이다.

포천에선 채석산업이 활황일 때가 있었다. 1960년대에 본격적으로 국토개발사업이 시작되면서 포천의 채석산업은 포천시의 재정수입에 큰 역할을 했다. 20여 개의 채석장에서 연간 300~400억 원의 매출을 달성했다. 포천에서 출토되는 화강암 즉, '포천석'은 타지역의 화강암보다 빛깔이 밝다. 또 표면 굳기가 우수하여 건축물의 내부 바닥재, 구조재, 외장재로 사용하기에 적절하다. 이에 전국의 기간시설을 포함하여 서울 지하철, 인천공항, 국회의사당, 청와대 등 수도권의 수많은 기간시설 건

축자재로 사용됐다.

이 채석장 중 한 곳을 명소로 재탄생시킨 곳이 바로 이곳, 포천아트밸리다. 신북면 기지리의 천주산 자락. 이곳에 있던 채석장의 채석작업은 2002년에 만료됐다. 예로부터 경치가 아름답기로 유명했던 천주산은 채석작업으로 인해 곳곳이 패이고, 상한 상태였다. 미관상의 문제도 있었지만 낙석과 붕괴 등의 안전적인 위험도 존재하던 상태. 이에 포천시에서는 천주산의 경관을 복원하고 채석장의 흔적을 보존한 문화예술공간을 만들기로 했다. 현재의 포천아트밸리는 자연이 만든 환경과, 인간이 만든 채석장의 모습이 조화를 이룬 모습을 보여주고 있다.

중국에서도 폐채석장에 6성급 고층 호텔을 지어 크게 성공한 사례가 있다. 복구만이 능사가 아니라는 것을 보여줬다.

이곳에서도 사람이 깎아낸 돌 사이로 나무가 자라났다. 물이 흐르기 시작했고, 새로운 풍경이 생겨났다. 깎아지른 바위산 아래 고인 천주호는 바위와 녹음의 빛깔을 함께 영롱하게 담았다. 인공적인 환경과 자연의 모습이 어울리

기를 십수 년. 어느새 이곳은 드라마, CF 촬영 명소가 됐고 연인과 가족이 데이트나 산책을 하기에 적합한 장소로 거듭나게 됐다.

몇 년 전 두 딸과 함께 이곳에 들렀다. 재밌게 봤던 드라마를 촬영했던 곳이라며 한참 사진을 찍던 딸아이. 무슨 드라마였냐, 물었더니 신이 나서 재잘재잘 얘기를 풀어냈다.

아트밸리를 가장 즐겁게 관람하는 방법 중 하나는 모노레일이다. 모노레일을 타고 위까지 올라갔다가 내려오면서 관광하면 볼거리가 많다. 아트밸리 상단에는 체험관이 있는데, 우주에 관한 테마로 만들어진 곳이다. 아이들과 함께 방문하기에 좋다.

포천아트밸리는 시간을 생각하기에 좋은 곳이다. 채석이라는, 제 살을

깎아내던 과거를 힘겹게 버텼을 천주산. 천공기로 깊숙한 곳까지 자신을 다 파내는 인간을 견디고 인내하던 그 시간들. 아낌없이 주는 나무마냥 제 모든 것을 다 내어주고, 이제는 새로운 풍경으로 사람을 맞이하는 이곳. 이 멋진 장소가 50여 년간 어떤 시간을 감내했는지를 생각하면 작은 돌 하나, 나무 하나가 허투루 보이질 않는다.

인간과 자연과의 관계는 시간이 어느 정도 해결해주는 것 같다. 사람과 사람의 관계도 그렇게 되면 얼마나 좋을까.

# 어린왕자와 여우, 장미꽃이 사는 행성

## : 쁘띠프랑스

알록달록한 건물과 조형물은 <어린왕자>의 세계를 작은 마을로 만들어내고, 마을 곳곳에는 책속 명대사들이 숨어 있다. "비밀 하나를 알려줄게. 아주 간단한 건데, 마음으로 봐야 더 잘 보인다는 거야." 어린왕자와 여우를 만날 것 같은 작은 마을이 쁘띠프랑스다.

가평군 청평면 쁘띠프랑스는 프랑스의 낭만적인 분위기에 반한 한홍섭 회장이 생텍쥐페리의 〈어린왕자〉를 콘셉트로 만든 프랑스풍 테마파크다. 이를 위해 프랑스의 생텍쥐페리 재단과 정식으로 라이선스 계약도 체결했다. 쁘띠프랑스 곳곳은 〈어린왕자〉 속 캐릭터로 장식되어 있고, 건물은 대부분 노란색, 분홍색, 연두색 등 밝고 알록달록한 색이다. 벽에는 〈어린왕자〉 속 명대사가 적혀 있고, 광장에는 어린왕자의 행성이 공중에 매달려 있다. 가게에는 사막여우나 장미꽃 모양의 간판이 달려 있고, 어린왕자 동상 옆에는 코끼리를 삼킨 보아뱀이 붙어 있어 소설 〈어린왕자〉의 여러 장면들을 연상시킨다.

동화 같은 풍경 덕분에 여러 TV 프로그램의 촬영지가 되기도 했다. 〈별에서 온 그대〉, 〈베토벤 바이러스〉, 〈시크릿 가든〉, 〈런닝맨〉 등 인기 드

라마와 버라이어티 프로그램의 촬영이 이곳에서 이루어졌다. 이 때문에 한류에 관심 있는 많은 외국인 관광객들이 쁘띠프랑스를 찾는다.

쁘띠프랑스를 찾아오는 관람객은 아이와 함께 온 가족부터 외국인 관광객이나 연인들까지 다양하다. 관람료는 어린이 6천 원, 성인 1만 원이다.

관람객들은 유럽풍 건물과 아기자기한 조형물 앞에서 사진을 찍기도 하고, 여러 체험관을 이용하기도 한다. 어린왕자 체험관에서는 어린왕자 복장을 하고 어린왕자와 여우 그림 옆에 앉아보거나, 모자 같아 보이는 보아뱀 속에 그려진 코끼리를 확인할 수도 있다. '장의 방'과 '마리의 방'은 프랑스 남성과 여성의 방을 재현해놓은 곳으로, 예쁜 가정집같이 꾸

Antique Orgel

며져 있어 사진을 찍으려는 관람객들로 항상 붐빈다.

이곳의 한홍섭 회장은 쁘띠프랑스를 찾는 사람들이 "어린왕자와 함께 동심을 찾았으면 좋겠다"며, 마치 어린왕자가 살 것 같은 마을을 만들어 냈다. 어린왕자 모형 옆에서 사진을 찍는 사람들이 보인다. 어른이나 아이를 가리지 않고 얼굴엔 웃음이 가득하다.

# 부부의 오붓한 고모리 데이트
## : 고모 호수

---

포천시 소흘읍 고모리. 한때는 문화마을로, 한때는 카페거리로 유명했던 곳이다. 최근엔 예전의 명성만큼은 아니지만 여전히 편안한 풍경과 맛집으로 데이트하기 좋다. 시원한 호수의 공기를 느끼면서 고즈넉한 한옥 식당에서 식사를 하고 예쁜 풍경을 바라보며 차도 마셔보자.

---

고모리는 소흘읍 동쪽에 있다. 동쪽과 서쪽으로 낮은 산이 솟아 있으며 남북으로는 트여 있다. 서쪽엔 고모 저수지가 있고, 동북으론 고모천이 흐른다. 고모 저수지는 '고모 호수공원' 이란 이름으로 유명하다. 호수를 빙 둘러 나무 데크로 된 산책길이 마련되어 있고, 호수를 조망할 수 있는 위치엔 어김없이 예쁜 카페와 식당이 자리 잡고 있다.

지난여름, 아내와 함께 고모 호수공원을 찾았다. 호수 산책로를 한 바퀴 돌았다. 천천히 걸어도 20분 정도면 다 걸을 것 같았는데 사진을 찍다 보니 거의 40분이나 걸렸다. 고모 호수를 산책하다 보면 주변의 풍경을 거울처럼 비추는 호수를 바라보는 재미가 쏠쏠하다. 호수는 바람이 불지 않는 이상 물결이 거의 일지 않는다. 그러다 보니 물 위의 풍경과 물에 비친 풍경이 마치 쌍둥이처럼 똑같다. 진짜 풍경과 그 풍경의 그림

자를 구분하기가 쉽지 않다.

고모리에 올 때마다 종종 들르던 식당이 '민들레울'. 고즈넉한 한옥 식당이다. 이곳에 처음 왔을 때는 겨울이었는데, 큰 창밖으로 쌓인 눈을 보며 맛보는 산채비빔밥이 그렇게 맛있을 수가 없었다. 봄에는 푸릇푸릇한 새 잎을 보는 재미로, 가을엔 울긋불긋한 단풍을 보는 재미로. 여름엔 에어컨 바람보다 시원한 녹음을 보는 재미로. 친환경적으로 지어진 한옥 안

에 조용히 앉아 건강한 산채비빔밥을 먹다 보면 자연인이 된 기분이다.

'물꼬방'은 아내가 특히 좋아하는 한옥 카페다. 물꼬방은 '사람과 사람 사이의 물꼬를 트고 서로 소통하는 열린 예술마당'이라는 뜻으로 지은 이름이다. 2003년, 서울시 명륜동에 한옥 두 채가 있었는데, 그 집을 해체하여 이곳에 복원했다. 복원에는 5년이나 걸렸다고 한다. 원래 'ㄱ'자와 'ㅡ'자 집이었던 것을 'ㄷ'자로 재구성했다. 또 대문과 사랑채를 신축하여 한옥의 정통 구조인 'ㅁ'자 가옥으로 재현했다. 서까래와 대들보는 모두 100년 이상 된 우리 고유의 금강송이다. 과거의 모습만 재현한 것은 아니다. 현대적 감각에 맞게 가구와 소품을 배치하고 주변 환경을 꾸몄다.

"원래는 여기 갤러리였는데, 유기농 식품도 팔고, 이제는 카페가 됐네. 그래도 여전히 멋있다."

물꼬방에선 여러 가지 전통차와 커피 등을 다과와 함께 판다. 전통과 현대적인 아름다움이 잘 섞여 있는 물꼬방. 차를 마시며 바깥 풍경을 바라보면 파란 잔디와 한옥 구조물이 한눈에 들어온다. 마치 과거로 시간을 거슬러온 것 같으면서도 현대인에게 익숙한 편안함을 전하는 이곳.

고모리에서의 마지막 코스는 '숯굽는 마을'이다. 숯굽는 마을의 가마는 전통식을 그대로 따르고 있다. 황토로 지어진 외벽, 100% 국산 참나무를 태우는 전통 숯가마다. 입구에서 입장료를 지불하고 옷을 갈아입고 숯가마로 들어갔다. 참숯가마에선 원적외선 미네랄과 음이온이 뿜어져 나온다고 한다. 한참 땀을 빼고 마루에 앉았다.

밖에서 시원한 산바람이 불어왔다. 그 반가운 바람 향기를 맡으며 군고구마, 구운 계란을 먹고 음료수를 마시면 세상에 부러울 게 없다.

# 계절을 담은 정원

## : 아침고요수목원

둥글둥글 잔 능선이 인 풀밭 위로 몇백 년의 세월을 품은 소나무가 구부러지면, 뒤편 산등성이에 걸린 연한 구름이 그 사이를 스며들듯 흘러내린다. 비 오는 이른 아침, 가평군 상면 아침고요수목원은 참으로 고즈넉하다.

1996년에 문을 연 아침고요수목원은, 삼육대 한상경 교수가 '한국의 아름다움을 담은 정원'을 목표로 만든 수목원이다. 수목원 이름은 조선을 지칭하던 '고요한 아침의 나라'라는 말에서 따왔다. 수목원은 특히 우리나라 전통 정원 특유의 곡선과 여백, 비대칭과 균형을 강조한다. 10만 평이 넘는 이 대형 수목원은 분재정원, 능수정원, 한국정원 등 다양한 주제로 꾸며져 있으며 내부에는 약 5,000여 종의 식물이 자라고 있다. 수목원에선 사계절 모두 다른 정원의 모습을 감상할 수 있다. 봄에는 다양한 봄꽃이 가득한 하경정원이 특히 인기다. 가을엔 단풍나무와 국화로, 겨울엔 색색의 전구로 꾸민 '오색별빛정원'이 유명하다. 여름정원은 색이 한층 짙고 생생한 것이 특징이다. 식물이 가지고 있는 고유한 색이 다른 어느 계절보다 선명하게 드러난다. 나뭇잎은 더 짙은 녹색을 띠고, 꽃

의 색도 훨씬 강렬해진다.

아침고요수목원의 가장 깊숙한 곳에는 서화연이 자리하고 있다. 둥근 연못 안에는 짧은 다리로 연결된 작은 정자가 하나 서 있고, 정자 주변엔 수련이 활짝 폈다. 분재정원과 하늘다리 근처에는 무궁화동산이 있다. 여름엔 무궁화 특별 전시회가 열린다.

무궁화동산으로 향하는 길, 멈칫 발걸음을 멈춘다. 잘 이어지던 길 위로 갑자기 계곡 물이 얇게 지나가고, 그 위에 작은 다리와 징검다리가 놓여 있었다. 일부러 길 위에 물을 얹고 그 위에 또 다리를 얹은 것이다. 똑같이 길에서 멈칫거리던 사람들이 그 징검다리 위해서 사진을 찍기 시작한다. 평범한 길에 살짝 변화를 주니, 누군가 사진을 찍고 싶어 할 만

큼 특별한 배경이 됐다. 다리를 건너 도착한 동산에는 무궁화가 지천이다. 크기도 모양도 다 다른 무궁화가 분홍색, 흰색, 보라색으로 잔뜩 피었다. 흔히 알고 있는 홑겹 모양의 분홍 무궁화 옆에는 화려한 분홍색의 겹꽃 무궁화가 화려한 모양을 뽐낸다. 한쪽에는 깨끗하고 정갈하게 핀 하얀 무궁화가 시선을 끈다.

수목원을 나서는 길. 빗방울이 잦아들고, 수목원으로 들어오는 사람도 조금씩 많아진다. 사람이 채운 활기에 수목원을 채운 나무와 꽃이 좀 더 활짝 피는 것 같다.

# 향기로운 허브 향기가 가득한 섬

## : 포천 허브아일랜드

허브(Herb)라는 단어에는 향기가 있다. '브'라는 음을 발음할 때는 작은 바람이 입 안에서 불어오는데, 그 느낌 때문인지 '허브'라는 단어는 발음할 때마다 향기로운 바람이 불어오는 것 같다. 허브를 집에 두면 온 집안에 향기가 진동한다. 작은 양의 허브를 요리에 쓰면 음식의 풍미가 더해진다. 사계절 내내 허브 향으로 가득 찬 세계 최초의 허브 박물관이 포천시 신북면 허브아일랜드다.

1998년 개장한 허브아일랜드는 세계 최초의 허브식물 박물관이다. 250여 종의 허브가 심어져 있고 허브에 관한 모든 정보를 담고 있다. 허브는 서양에서 향료나 약으로 쓰기 위해 키우는 식물을 말한다. 푸른 풀을 의미하는 라틴어 허바(Herba)에서 나온 말. 허브는 예부터 진통이나 진정 등의 치료 효과뿐 아니라 방부나 살충 목적으로도 사용했다. 이집트에서는 미라를 만들 때 허브 향유를 발랐다고 한다. 로마 시절 지중해에서 유럽 각지로 확산돼 지금은 식용, 관상, 방향제 등 다양한 목적으로 사용된다. 우리나라의 미나리, 쑥갓, 마늘 등도 일종의 허브라 볼 수 있다.

미니동물원, 플라워정원 & 폭포정원, 베네치아마을, 추억의 거리 등 다양한 볼거리가 있고 만들기, 곤돌라, 당나귀, 지중해관광펜션, 공룡마

을, 산타하우스 등 체험거리도 많다. 식당도 네 곳이나 있어 양식·한식 등 메뉴도 다양하다.

3,000평 규모의 허브 밭에서 다양한 허브 향을 맡으며 산책할 수 있다. 1월엔 산타마을에서 화려한 조명의 신세계가 펼쳐지는 불빛 동화-네버엔딩스토리가 관람객들을 사로잡는다. 크리스마스트리, 수백 개의 산타 조형물 등으로 화려하게 장식되었던 겨울밤의 산타마을은 어린 시절에 상상했던 진짜 산타마을을 재현한 듯하다. 환갑을 바라보는 나이에 동심으로 돌아간 느낌이라고나 할까. 6월엔 허브 향기 샤워축제가 인기다.

야외에 있는 플라워 정원은 계절에 맞는 식물로 매번 새로 심는다. 플라워 정원에선 계절이 변하는 것을 가까이 느낄 수 있다. 허브 힐링센터에 들어가 허브차도 마치고, 설탕 대신 쓸 수 있다는 스테비아도 하나 샀다. 아내가 좋아하는 히비스커스와 사무실 직원들에게 줄 자스민 차도 샀다.

한참을 허브아일랜드를 돌아다녔다. 이날의 향긋한 기분 덕분에 며칠간은 허브 향이 몸에서 떠나지 않을듯하다. 양손 가득 허브 화분과 허브 상품을 들었는데도 아쉬웠다. 작은 화분에 담긴 장미허브와 허브티를 몇 종류 더 샀다. 장미허브는 집 안을, 허브티는 몸 안을 허브 향으로 채우겠지.

12장

# 온천

# 물 좋은 곳에서 느긋한 쉼

## : 일동 용암천·제일유황온천·신북온천 스프링폴

온천욕을 할 때 가장 즐거운 순간은 언제일까. 뜨끈한 탕에 막 들어가는 순간? 온천욕을 끝내고 나와 시원한 음료수를 마실 때? 내가 생각하는 온천의 백미는 노천탕에 앉아서 하늘을 볼 때다. 몸 아래쪽은 뜨겁고 위쪽은 시원한 노천 온천욕 특유의 느낌을 즐기며 두 눈으로 하늘을 담는다. 이때 눈이라도 오면 더 이상 좋을 수가 없다.

### 노천탕에서 즐기는 휴식
### **일동 용암천**

1997년에 문을 연 용암천은 올해로 20년이 조금 넘었다. 일동의 다른 온천들과 마찬가지로 용암천도 지하 1,000m에서 끌어올린 천연 유황온천수를 사용한다. 보통 고온 온천수 기준이 42도인데, 용암천의 자연 추출 온천수 온도가 딱 42도 정도라, 따로 물을 더 덥히거나 식히지 않고 바로 사용한다. 목욕탕 내부 시설은 크게 열다섯 가지 정도로, 크고 작은 열탕과 온탕이 여덟 곳, 일반 노천탕과 편백나무 노천탕이 각각 하나씩 있고, 건식·습식 포함 사우나 세 곳과 불가마실이 한 곳 있다. 그 외에 목욕 도중 쉴 수 있는 수면실도 마련되어 있는 등, 전체 시설이 매우

용암천
용암천

커서 한 번에 무려 3천 명을 수용할 수 있다고 한다.

몸이 어느 정도 데워진 것 같아서 노천탕이 있는 밖으로 나왔다. 오늘 따라 바깥 공기가 정말 차다. 얼른 노천탕에 들어가 앉았다. 순간 추웠던 몸이 다시 뜨끈하게 풀린다. "어흐..." 나도 모르게 나른한 한숨이 나온다. 뜨거운 온천에는 오래 앉아 있기가 힘든데, 노천탕에 있으면 머리 위가 시원해서 온천이 힘들지 않아 좋다. 몸이 좀 풀리니 주변 풍경이 눈에 들어온다. 탕과 공기의 온도차가 많이 나는지 노천탕 위로 김이 잔뜩 피어 오르고 있었다.

얼마나 앉아 있었을까. 잠시 김이 올라오는 탕의 수면을 보고 있었는데, 어느 순간 생각이 또 일로 향한다. 분명 쉬려고 왔는데, 머리를 비운다는 게 참 쉽지 않다. 그때, 얼굴에 뭔가 차가운 것이 닿았다. 뭐지. 고개를 들어보니, 회색 하늘 아래 하얀 것이 떨어진다. 세상에, 눈이다. 온천에 앉아 맞는 눈이라니, 잘 실감이 나지 않아 처음엔 좀 멍했는데 한두 개 떨어지나 싶던 눈송이가 이내 펑펑 쏟아지기 시작한다. 잠시 그 모습을 보며 탕에 앉아 있는데, 어느 순간 점점 입꼬리가 올라가더니 나도 모르게 웃음이 났다. 마치 누군가로부터 응원과 격려를 선물 받은 느낌이다. 방금 전까지 복잡했던 머리가 거짓말처럼 시원해졌다.

## 물 좋기로 소문난 **제일유황온천**

제일유황온천은 등산과 온천을 함께 즐기기 좋다. 백운산, 광덕산, 청계산, 운악산 등 주변 산을 오르며 땀을 흠뻑 흘리고 온천에서 지친 몸을 녹이면 천국이 따로 없다. 주변 골프장에서도 골프를 치고 굳이 이곳까지 찾아와 몸을 씻는 사람도 많다. 물 좋기로 유명한 온천이다 보니 피부 관리를 함께 받는 효과도 있다.

온천은 천 명 정도를 수용할 수 있을 정도로 넓다. 온천탕 이외에도 순수 장작을 이용한 불 한증막에서 시원하게 땀을 뺄 수도 있고, 옥 사우나와 진흙 사우나도 있다. 수영장도 꽤 넓다.

다양한 탕 중에 가장 인기가 많은 곳은 역시 노천탕이다. 가슴까지는 따뜻한 물 안에 있는데, 목 위로는 차가운 공기에 노출된다. 그럴 땐 정신이 번쩍 든다. 추운 날씨일수록 노천탕의 매력은 커진다. 나는 안에서 충분하게 온천을 즐긴 뒤 노천탕에 와서 조용하게 앉아 있는 걸 좋아한다. 실내는 목욕탕 특성상 작은 소리가 크게 울리기도 하고 아이들의 웃음소리, 물소리 등으로 조금 소란하다. 하지만 이곳은 다소 차분하게 앉아서 생각할 시간을 가질 수 있다.

물 밖으로 나와 손으로 몸을 만져보니 미끈미끈하다. 일반 목욕탕이나 집에서 목욕할 때와는 비교되지 않을 정도로 피부가 달라졌다. 온천에 오래 앉아 있어 조금 나른해지기도 하지만 매끈한 피부를 위해서라면 이 정도 나른함은 거뜬히 이겨내야 한다. 다시 한번 온천에 몸을 담근다.

꽤 오랫동안 탕에 몸을 담그고 있었다. 몸을 닦는 내내 피부의 남다른 매끈함에 기분이 좋다. 스킨과 로션을 바르면 이 매끈함이 사라져 버릴 것 같아 그대로 옷만 입었다. 아직 끝이 아니다. 마지막으로 십전대보탕을 마셔야 제일유황온천을 제대로 즐긴 거다. 자리를 잡고 따뜻한 십전대보탕 한 잔을 주문했다. 한 잔에 2천 원이지만 대추와 잣이 가득하다. 십전대보탕을 한 모금 마시면 목욕하느라 빠졌던 힘이 다시 돌아온다.

## 온천부터 찜질방, 워터파크까지 한 번에 즐길 수 있는 **신북온천 스프링폴**

스프링폴(spring fall)은 온천을 뜻하는 hot spring과 폭포를 뜻하는 waterfall이 합쳐진 단어다. 온천수가 폭포를 이루어 쏟아질 정도로 풍부하다는 의미다. 신북온천 스프링폴은 천연 온천수를 사용하는 정통 온천을 표방한다. 그래서인지 훌륭한 온천시설을 갖추고 있다. 특히 1층에 있는 바데풀은 이곳의 자랑이다. 바데풀은 독일 바데 하우스(Bade Haus)를 모델로 만들어졌는데, 30~34도의 온천수에서 물놀이를 하며 넥샤워, 워터풀, 기포욕, 릴랙스 마사지 등의 수(水) 치료 시설을 이용할 수 있다. 남녀 공용이라 이곳을 이용하기 위해서는 수영복이 필수다. 바데풀뿐 아니라 찜질방, 노천탕, 숯 사우나, 옥 사우나를 오가며 찜질과 온천을 동시에 즐길 수 있다.

야외 수영장은 여름 성수기 주말에만 개장한다. 작년까지는 워터파크라고 하기에는 시설이 다소 미흡했지만 올해 슬라이드를 추가하는 등 대폭적으로 설비를 개선했다. 특히 높은 곳에서 튜브를 타고 미끄러지는 익사이팅 튜브슬라이드는 아이뿐 아니라 어른 사이에서도 인기 만점이다. 아찔한 속도감에 여기저기서 비명소리가 들린다.

물놀이를 즐기다 보면 허기를 느낀다. 신북온천 스프링폴에는 다양한 먹거리가 준비돼 있다. 푸드코트에서는 한식부터, 우동과 돈가스, 스낵류를 즐길 수 있다. 라면과 음료도 곳곳에서 판매하고 치맥도 판매한다. 가격도 저렴하다. 얼른 허기를 채우고 어른과 아이는 각자 즐길 장소로 이동한다.

13장

# 축제

# 은빛 파도 넘실거리는

## : 산정호수 명성산 억새꽃 축제

---

구름 한 점 없이 높은 파란 하늘, 울긋불긋 산 전체를 물들이는 단풍, 하늘을 그대로 담은 듯한 청명함을 뽐내는 산정호수. 산 정상에 펼쳐지는 억새꽃의 은빛 향연까지…. 명성산의 가을은 참 황홀하다. 바람에 따라 몸을 맡기고 살랑거리는 억새꽃을 보기 위해 가을 명성산에 올랐다.

---

억새는 햇빛이 잘 드는 풀밭에 무리를 이루고 자란다. 부채 모양의 하얀 꽃이 피는 9~10월이면 명성산 정상은 억새꽃으로 뒤덮여 장관을 이룬다. 포천 명성산은 전국에서 다섯 손가락에 꼽히는 억새 군락지다. 무려 6만 평이나 되는 규모다. 1997년 포천시는 '자연과 사람을 품에 안은 즐거운 축제'를 주제로 제1회 산정호수 명성산 억새꽃 축제를 열었다. 올해 23회를 맞은 축제는 포천의 대표적인 지역 행사로 자리매김했다. 단풍과 억새꽃을 동시에 즐길 수 있다는 점은 관광객을 모으기에 충분하다.

갈대와 억새를 혼동하는 사람도 많다. 우선 꽃 색이 은색이면 억새, 갈색이면 갈대다. 갈대는 키가 3m 정도로 최대 2m 정도 자라는 억새보다 크다. 사는 곳도 다른데 여기에는 재밌는 이야기가 있다. 억새, 달뿌리풀, 갈대가 함께 살기 좋은 곳을 찾기 위해 길을 떠났다. 억새는 바람이

시원하고 경치가 좋은 산마루가 마음에 들었다. 하지만 달뿌리풀과 갈대는 거친 바람을 버틸 수 없어 억새만 산마루에 자리를 잡는다. 달뿌리풀은 내려가다 달이 물에 비친 모습에 반해 개울가에 뿌리를 내린다. 혼자 아래로 내려가던 갈대는 바다까지 다다른다. 더이상 갈 곳이 없는 갈대는 바다가 보이는 강가에 자리를 잡게 됐다고 한다.

명성산은 울음산이라고도 불린다. 왕건에 쫓긴 궁예가 이곳에서 나라 잃은 설움을 한탄하며 울자 산도 함께 울었다는 이야기가 전해진다. 억새꽃 군락지는 명성산 정상 부근이다. 6·25 전쟁 때 포탄으로 민둥산이 된 정상에 억새가 자라기 시작했다. 오르는 데 2시간 정도 걸리지만, 산을 물들인 가을 단풍과 산정호수를 감상하다 보면 금세 시간이 흐른다.

산 정상에서 만나는 억새꽃은 감동적이다. 온 세상이 반짝반짝 빛나며 은빛 물결이 출렁인다. 구름 한 점 없는 파란 가을 하늘이 억새꽃을 더욱 돋보이게 한다. 억새 조망터에 앉아 억새가 만들어내는 바람 소리에 귀를 기울인다. 보통 '으악새'를 새라고 생각하지만 바람에 흩날리는 억새를 '으악새'라고 부른다는 설도 있다. 눈을 감고 들어보면 억새가 만들어내는 소리가 정말 '으악으악' 우는 듯도 하다.

능선을 따라 걷다 보면 '1년 후에 받는 편지'라고 쓰인 빨간 우체통을 볼 수 있다. 10월 축제 기간 동안 편지를 써서 이곳 우체통에 넣으면 1년 후에 받는 사람에게 전달해준다. 이렇게 도착한 편지를 받으면 얼마나 감동적일까. 나도 평상에 걸터앉아 짧은 편지를 썼다. 물론 받는 사람은 아내와 딸이다.

내년 편지가 도착할 때쯤이면 명성산은 다시 억새꽃이 만발하겠지. 그때 다시 가족과 함께 억새꽃을 보러 오리라 다짐한다.

억새축제의 걸림돌이 하나 있다. 산정호수 진입로의 교통체증. 한꺼번에 많은 차량이 몰리다 보니 들어오고, 나가는 길이 여간 고역이 아니다. 입구에 주차시설을 늘리고, 셔틀버스가 생기면 좋을 것 같다. 일방통행으로 운행하거나 산에서 걷듯이 산정호수 입구에서도 좀 걷는 캠페인을 하면 교통체증이 없을 텐데…. 일 년에 한 번 억새축제하자고 길을 넓힐 수도 없는 노릇이고…. 해마다 이 건을 이슈로 많은 얘기가 오가지만, 아직 딱히 시행된 것이 없어 아쉽다.

# 한 번 오면 겨울마다 찾게 되는

## : 포천 백운계곡 동장군 축제

세상이 꽁꽁 얼어붙는 겨울이 오면 포천 도리돌 마을은 기지개를 켠다. 눈이 내릴수록, 날씨가 추워질수록 포천 백운계곡에서 열리는 동장군 축제를 찾는 사람은 많아진다. 추운 겨울을 제대로 만끽하기 위해 머리부터 발끝까지 무장하고 백운계곡을 찾았다.

포천 이동면 최북단에 위치한 도리돌 마을. 이곳은 1년 내내 관광객이 끊이지 않는다. 오르기 좋은 산, 경치 좋은 호수와 계곡이 즐비하고 이동갈비, 이동막걸리 등 맛있는 먹거리도 많으니 그럴 수밖에 없다. 추운 겨울에는 백운계곡에서 열리는 동장군 축제가 사람들의 발길을 끈다. 마을에서 이사한 사람은 반드시 돌아온다는 뜻을 가진 도리돌 마을. 한 번이라도 도리돌 마을의 먹거리와 자연환경을 즐겨본 사람이라면 돌아올 수밖에 없는 이유가 쉽게 이해된다.

흔히 혹독한 추위가 시작되면 '동장군이 기승을 부린다'고 한다. 동장군이라는 말은 겨울철 주기적으로 남하하는 러시아 시베리아 한기단을 의인화 한 단어다. 1812년 나폴레옹이 러시아 원정에서 패배하자 영국 언론에서 'General Frost'라는 표현을 사용한 것이 시초다.

백운 계곡 동장군 축제는 벌써 15년째 지속되고 있다. 하얀 눈과 투명한 얼음 위에서 펼쳐지는 축제는 화려하다. 행사장에 도착하면 먼저 얼음으로 만든 다양한 작품이 눈에 띈다. 벽돌처럼 만들어진 얼음을 차곡차곡 쌓은 얼음성은 마치 겨울 왕국의 공주 엘사가 나올 듯하다. 에스키모인이 사는 이글루도 신기하다. 특히 10여 미터 높이의 대형 얼음 꽃나무 수십 그루는 감탄이 절로 나올 만큼 장관이다.

다양한 겨울 놀이도 준비되어 있다. 눈썰매와 얼음 미끄럼틀은 단연 인기다. 아이들은 내려오자마자 다시 타기 위해 뛰어 올라가기 바쁘다. 나무판에 무릎을 꿇고 앉아 막대로 빙판을 밀며 앞으로 나가는 전통 썰매는 어린이들에게 인기다. 아이들은 제각각의 방법으로 원하는 방향으로 가려고 애쓰지만 쉽지 않다. 어른도 어렸을 때 마음으로 잘 탈 것 같지만 마찬가지다.

맑고 깨끗한 백운계곡에서 자란 송어를 잡는 얼음낚시도 빼놓을 수 없다. 송어는 살결이 마치 소나무 같아서 송어라 부른다. 주최 측에서 미리 뚫어둔 구멍 앞에 앉아 낚싯대를 던져 본다. 짜릿한 손맛과 함께 송어가 잡히면 환호성이 터진다. 잡은 송어는 바로 회를 뜨거나 구이로 먹을 수 있다. 화천의 빙어축제만큼 전국적인 유명세를 탈 날이 멀지 않았다는 생각이 든다.

추위가 느껴지면 모닥불로 모인다. 모닥불 앞에서는 다양한 겨울 간식도 즐길 수 있다. 먼저 뜨거운 불 위로 밤을 굽는다. 딱딱 소리를 내며 밤이 벌어진다. 잘 익은 군밤을 호호 불며 까먹으면 정말 꿀맛이다. 군고구마와 감자도 인기다. 장작 나무 위로 반합라면도 끓여 먹을 수도 있다. 불이 약해지면 장작이 필요하다. 큼직하게 잘려 있는 나무를 적당한 크기로 잘라서 불 속에 던진다.

이 밖에도 다양한 먹거리가 많다. 따뜻한 난로 위에는 어릴 때 쓰던 노란 양은도시락이 식지 않게 올려져 있다. 대형 가마솥에는 돼지고기를 배추와 함께 푹 고아낸 가마솥 돼지국밥이 끓는다. 야외 돼지바비큐는 숯불에 구워서 그런지 더 맛있다. 살얼음 동동 띄운 이동막걸리 한 잔에 뼛속까지 차가워진다. 추위 속에 한바탕 놀고먹으니 어느새 덥다. 겨울 도리돌의 맛과 재미를 어떻게 잊을 수 있을까! 내년 동장군 축제 때 이곳에 돌아와 있을 내 모습이 눈에 선하다.

# 가을 소풍 같은 재즈 축제

## : 자라섬 재즈 페스티벌

재즈 음악소리와 함께, 여기저기서 사람들의 웃음소리가 들린다. 나뭇잎이 울긋불긋 물들기 시작한 가을, 자라섬 재즈축제의 밤이 무르익는다. 북한강변의 서늘한 바람은 아름다운 조명에 홀려 후끈 달아오른다. 흥겨운 멜로디에 춤추듯, 꿈꾸듯 걷는 연인들은 흐느끼듯 애절한 재즈에 취해 밤이 깊어가는 줄도 모르고 사랑을 탐닉한다.

자라섬은 청평댐이 완성되며 생긴 섬인데, 원래는 이름도 따로 없었다. '땅콩섬', '중국섬' 등 아무 이름으로나 불리던 섬에 가평군 지명위원회에서 이름을 붙이면서 본격적으로 '자라섬'이라 불리기 시작했다. 섬 건너편에 자라를 닮은 산과 자라목이라는 이름의 마을이 있는데 이를 바라보고 있기 때문이라고도 하고, 섬 모양이 자라같이 생겼기 때문이라고도 하며, 물이 불면 섬이 살짝 잠겼다 나타나던 모습이 자라 같아서 그리 부른다고도 한다. 섬이 물에 잠기지 않게 되면서 본격적인 개발이 가능해졌는데, 물에 잠기지 않도록 공사를 하고 캠핑 행사를 유치하기 위해 양재수 전 군수가 애를 많이 썼다. 지금도 자라섬 가운데에 양 전 군수의 공덕비가 세워져 있다.

이 섬이 본격적으로 유명한 관광지가 된 것은 이 섬에서 매년 10월 열

JAZZ ISLAND
JARASUM
JAZZ FESTIVAL
JAZZ ISLAND
THE 15TH
JARASUM
KOVEA
JARASUM

리는 재즈음악 축제인 '자라섬 재즈페스티벌' 덕분이다. 2004년부터 시작된 이 축제는 꾸준히 인기를 얻으며 성장해왔다. 이제는 누적관객이 200만 명에 달하는, 명실상부한 대한민국 대표 음악 축제로 자리매김했다. 올해로 16년 차가 된 축제에는 전 세계 내로라하는 재즈 뮤지션들도 많이 다녀갔다. 그동안 무대에 선 뮤지션만 55개국 1105개 팀에 달하며, 국내 뮤지션들과 아마추어 밴드들도 많이 참여해서 지금까지 축제에 참석한 누적 아티스트는 5,600명이 넘는다.

이 축제는 2008년부터 지금까지 매년 문화체육관광부에서 지정하는 우수 문화관광축제로 선정됐다. 2008~2010년 '유망축제', 2011~2013년 '우수축제', 2014~2015년 '최우수축제', 2016년 '대한민국 대표축제', 2017년 '대한민국 최우수축제', 2018년 '대한민국 대표축제'에 선정되는 등 그 이력도 화려하다.

축제에 가보면 의외로 혼자 온 사람도 많고, 나이 지긋하신 어르신도 보인다. 다들 편하게 쉬면서 계절과 음악을 즐기고 있었다. 이름 모를 아티스트들이 열연하는 무대 앞 작은 공간에 옆 사람을 따라 나도 그냥 털썩 누워버렸다. 처음엔 어색했는데 다들 음악에 취해 무대만 바라보고 있다. 이름 모를 곡조가 흐르고 무대는 뜨거워지고 점점 마음이 편해진다. 서편 하늘이 붉게 물드는 장관이 끝나갈 무렵 맑은 가을 하늘은 시나브로 어두워지고, 별이 총총 뜨고, 흥겨운 재즈 음악에 몰입하게 된다. 흥얼흥얼 모르는 가수의 음악을 따라 불러보면서 자라섬의 낭만에 흠뻑 빠져 본다. 돈만 좀 들이고 프로들이 자라섬을 찾으면 인근 남이섬과 어깨를 나란히 하는 대한민국 랜드마크 축제장이 될 텐데…. 그나저나 제2경춘국도의 교각을 자라섬과 남이섬 중간으로 건설한다는 보도도 있어 가평군민들이 잔뜩 긴장하고 있는데 어떻게든 막아야 한다.

# 끝없이 도전하는 가평의 수제맥주
## : 카브루(KABREW)

카브루는 2000년에 설립된 수제맥주 제조업체로, 청평면 상천리와 상색리에 맥주 제조장을 운영하고 있다. 카브루(KABREW)라는 이름은 '창의적이고 모험심 많은 맥주 양조장'이라는 뜻인데, Korea의 'K', 모험 또는 모험심을 뜻하는 Adventure의 'A', 그리고 맥주 양조를 뜻하는 'Brew'가 합쳐져 만들어졌다.

올해로 설립 19년 차가 된 카브루(대표 박정진)는 한국의 1세대 수제맥주 제조사 중 하나로, 다양한 시도와 개발, 끝없는 시도와 도전으로 우리나라의 수제맥주의 역사를 이끌어 왔다. 업계 최초로 전국에 냉장물류 배송 시스템을 구축해서 수제맥주 유통에 혁신을 일으켰고, 국내 최초로 페일 에일(Pale Ale) 맥주 생산과 공급에 성공한 것으로도 유명하다.

168개 주조법을 가지고 28종류의 맥주를 생산하는데, 만들어 내는 맥주 종류만큼이나 수상 경력도 화려하다. 2019년에만 국내외 5개 대회에서 무려 18개의 상을 수상했다. '2019 대한민국 주류대상'에서는 무려 6종이 대상에 선정되며 맥주 부문 최다 수상을 기록했고, 영국에서는 월드비어어워드(WBA)와 IBC2019 두 개 대회를 석권했다.

카브루의 도전정신은 가평의 농산물을 맥주로 만드는 시도로까지 이

어졌다. 카브루는 가평군농업기술센터와 업무협약을 맺고 가평 쌀을 사용한 맥주를 개발해왔고, 2018년에는 라거 타입의 맥주 3종을 개발하는 데 성공했다. 부드러운 목 넘김과 청량감이 특징인 가평 쌀 맥주는 탄산감이 풍부한 에일 맥주로 이름은 '세종'이라고 붙였다. 가평의 친환경 포도를 에일과 함께 발효시켜 만든 '가평 상큼 에일'도 인기가 높다. 특유의 산미와 상큼한 청포도 향이 특징인 사워 에일로, 여성들이 특히 많이 찾는다.

카브루는 이외에도 사람들이 수제맥주를 더 쉽게 접하고 즐길 수 있도록, 다양한 방법을 모색하고 있다. 청평면 상색리에 위치한 맥주 양조장에선 맥주 제조과정을 직접 견학하고 여러 종류의 생맥주를 시음해볼 수 있다. 2015년부터는 수제맥주 축제도 매년 열고 있다. 수제맥주 축제는 2018년까지 4년간 가평에서 열렸고, 2019년에는 서울에서 개최됐다.

# 조선의 마지막 선비 최익현을 기리는

## : 면암문화제

---

"내 목을 자를지언정 상투를 자를 수는 없다!" 1990년, 단발령이 내렸다. 최익현 선생도 이를 피할 순 없었다. 하지만 불같이 호령하며 머리카락을 자르는 것을 거부한 탓에, 그의 머리카락을 자르러 온 자들은 돌아갈 수밖에 없었다.
최익현 선생은 조선 후기의 문신이자 대한제국의 독립운동가다. 그를 추모하는 행사가 포천에서 해마다 열린다. 양호식 회장, 변건주 사무국장, 면암선생의 후손인 최진욱 씨가 만든 순수 문화단체인 면암숭모회가 주최한다.

---

최익현 선생은 1833년 12월 5일 경기도 포천에서 태어났다. 23세 때 과거에 급제하여 죽을 때까지 스승인 이항로로부터 배운 '우국애민'과 '위정척사사상'을 계승하기 위해 노력했다. 면암의 성품은 강직했다. 안동 김씨 세도정치를 반대하고, 흥선대원군의 정책에 반대하다가 관직에서 박탈당하기도 했다. 또한, 외국과의 통상에 반대하며 도끼를 메고 광화문으로 나가 개항이 불가함을 주장했다. 일본뿐 아니라 여러 열강의 유입이 계속되자 최익현 선생은 이에 저항하기 위해 위정척사운동을 펼쳤다. 단발령을 계기로 의병을 조직했다가 체포되자 "내 목을 자를지언정 상투를 자를 수는 없다!"라고 외치며 저항했다. 1905년 을사조약 체결 이후 최익현 선생은 공개적으로 의병을 모집한다. 일본군은 선생을

붙잡은 후 그를 회유하려고 한다. 하지만 최익현 선생은 "더러운 왜놈이 주는 더러운 음식은 먹지 않겠다. 차라리 깨끗이 굶어죽겠다"며 단식을 시작했다. 그러다 결국 대마도 감옥에서 순국했다. 면암문화제는 그를 기리는 행사로 2017년에 처음 포천에서 열렸다.

문화제는 다양한 행사를 포함하고 있다. 면암 선생을 추모하기 위한 '면암 추모시낭송회'는 포천시 문인 협회를 비롯하여 일반인도 참여해 솜씨를 뽐냈다. 또한, 최익현 선생에 대한 퀴즈를 푸는 면암 최익현 알기 골든벨 행사도 진행됐다. 300여 명의 학생과 군인이 참가해 마지막까지 남은 40인에게는 장학금이 지급됐다. 학술발표회에서는 선생의 후손인 최진숙 교수가 면암의 삶과 사상에 대한 연구결과를 발표했다. 면암문화제를 포천을 대표하는 브랜드 문화제로 만들기 위해 포천 시민단체와 일반 시민이 함께 거리행진을 펼치기도 한다. 행사를 주관하고 참여하는 포천 시민의 눈에는 최익현 선생이 이곳 사람이라는 자랑과 긍지로 가득했다.

'면암숭모사업회'는 관의 지원 없이 1백여 회원의 십시일반 회비와 후원금으로 재정을 꾸려나간다. 이런 숭모사업회의 노력이 결실을 맺어 포천 신북초등학교에서는 면암숭모 동아리가 생기기도 했다. 기특한 아이들이다.

최근 'NO JAPAN' 운동이 펼쳐지며 다시 최익현 선생이 주목받고 있다. 을사조약이 체결된 후 선생은 납세 거부, 철도 이용 안 하기, 일제 상품 불매 운동을 주장했다. NO JAPAN 운동의 원조인 셈이다. 마지막까지 대한민국의 혼을 지키기 위해 목숨까지 바쳐 저항한 면암 최익현 선생. 나라를 위한 그 숭고한 희생이 포천의 면암문화제를 통해 더 멀리 퍼져나가길 간곡히 바란다.

**경기일보** 2018-10-31 (수) 022면 오피니언

## 다시 되돌아보는 면암선생의 애국심

**| 특별 기고 |**

**박종희**
제16·18대 국회의원

장원급제와 천재적인 글솜씨로 탄탄대로의 벼슬길이 보장됐으나 조선조말 부패와 비리에 저항해 10여 차례 상소와 격문을 올리고, 일제에 맞서 의병을 일으켰다가 대마도에 끌려가 40여 일간의 단식 끝에 영면한 면암(勉菴) 최익현(崔益鉉)선생.

단발령에 항거해 머리를 깎지 않고, 일제에 국권을 빼앗긴 뒤에는 옷이 다 젖도록 머리를 숙이지 않고 세수를 했으며, 대마도에 끌려갈 때 왜놈땅을 밟지 않겠다며 버선바닥에 부산의 흙을 깔았다는 저항의 상징이 면암선생이다.

그 면암선생의 고향인 포천의 숭모사업회(회장 양호식)에서 30일부터 다음달 3일까지 서거 112주기를 기리는 다채로운 추모행사를 여는 한편 무연고지역에서 잠드신 선생의 묘지이장도 추진하고 있다.

포천이 고향인 필자도 어렴풋이만 알고 있던 면암선생의 면모는 후손들과 후원자들이 꾸리는 면암추모사업회 등의 노력으로 조금씩 빛을 발하고 있지만 국가지원이 거의 없어 역사적 교육적 가치는 제대로 조명을 받지 못하고 있다는 평가다.

면암은 일부에서 "구한말 위정척사파의 대표적 인물로 국가가 근대화되는데 크게 방해가 된 인물"이라고 폄하하기도 하지만 경대부의 벼슬도 거부하였고 고종으로부터 현금 3만냥과 백미 300섬을 받았으나 국고로 반납한 조선조 강골선비였다.

서원철폐와 경복궁중건중단 당백전제도폐지 병자수호조약무효 등의 상소를 올려 대원군의 실각을 이끌어 냈다.

을사늑약폐지 을사5적처단 등을 주장하는 상소를 올렸다가 받아들여지지 않자 74세의 나이에 스스로 의병을 일으켜 전북 정읍, 순창, 장성 등에서 활동하다가 일본군에 체포되고 만다. 당시 조선통감인 이토오 히로부미가 "대감! 제자 13명과 함께 대마도로 호송하는 약식판결을 내리겠소"하자 "이 못된 놈을 봤나. 나는 너의 재판을 받을 이유가 없다"고 일갈했던 일화는 유명하다.

면암이 운명하기 직전 대마도에서 고종이 있는 서울을 향해 재배를 올리고 의병부장 임병찬(전 낙안군수)에게 대필을 시킨 글은 참으로 숙연하다.

'신이 이곳에 온 이래 한술의 쌀도 한 모금의 물도 모두 적의 손에서 나온지라 차마 먹고 입고, 배를 더럽힐 수가 없사옵니다. 그러므로 먹기를 거부함으로써 죽음을 택하기로 하였사옵니다. 신의 나이 74세, 죽은들 그 무엇이 애석하겠습니까(후략)'

면암선생께서 대마도 감옥에서 굶어서 순국했다는 소식을 중국 뤼순감옥에서 전해들은 안중근의사께서는 "최면암은 도끼를 지니고 대궐에 엎드려 병자수호조약을 무효로 하지 않으려면 자신의 목을 베라고 하는 등 참으로 국가를 걱정한 선비였고 중국역사상 충절의 상징인 백이(伯夷) 숙제(叔齊)이상의 인물이다. 백이 숙제는 주나라 음식을 먹지 않고 고사리만 먹다가 죽었지만 최선생은 적국의 물도 마시지 않았으니 고금 제1의 인물이다"라고 탄식했다(뤼순감옥 수사보고서)는 것이다.

이 같은 충의정신은 훗날 독립운동의 정신적 근간이 됐다.

1945년 해방되고 환국한 백범 김구선생은 첫 행사로 상해임시정부 요인들과 함께 충남 청양의 모덕사를 찾아 면암선생께 '고유제문(告由祭文)'을 드렸다. 면암정신이 임시정부의 정신적 지주역할을 한 것이라는 반증이다.

평생을 수기치인(修己治人) 경세제민(經世濟民) 살신성인(殺身成仁)을 실천한 면암선생의 유언은 죽어서 고향에 묻히고 싶다는 것이었지만 애석하게도 아직 이루어지지 않고 있다.

순국후 운구가 부산에서 북쪽으로 올라오다 애도인파가 인산인해를 이루자 당황한 일제는 선생의 유해를 논산에 가매장했다가 2년 후 예산의 인적이 드문 곳으로 옮겨 현재에 이르고 있다.

유족들과 숭모회는 면암선생이 포천시 신북면 가채리 생가터 인근에서 영면하기를 간절히 바라고 있다.

올해 면암문화제는 30일 면암추모시 낭송회를 시작으로 11월1일 학술발표회, 3일 오후2시 포천시청을 출발하는 거리행진, 오후3시 포천여중 체육관에서 제112주년 추모식과 면암 UCC경연대회 면암국악제 등으로 다채롭게 펼쳐진다.

양호식 숭모사업회장은 "면암선생은 한 점 부끄럼없이 당당한 삶을 사셨고 올바름과 진실을 좇아 이와 어긋나는 언행을 하지 않으신 분으로 우리시대 충(忠) 의(義) 효(孝)의 귀감이 되시는 분"이라며 "포천으로 묘역도 옮겨와 이 시대정신으로 높이 추앙해 역사교육의 산실로 삼아야 한다"고 말했다.

경기일보에 기고한 면암 선생 관련 칼럼

14장

# 체험

# 건강하고 정직한 수제 치즈를 만날 수 있는 곳

## : 하네뜨(Hanette)

목장에서 정성 들여 키운 건강한 젖소, 매일 아침 짜내는 신선한 우유, 보존료나 향신료·착색제가 전혀 들어가지 않는 요구르트와 치즈, 그리고 치즈를 활용한 다양한 체험을 할 수 있는 곳. 모두 하네뜨를 설명하는 말이다.

하네뜨(Hanette)는 영어로 '손'을 뜻하는 'Hand'와 프랑스어로 뜻하는 'Honnete'를 합친 것으로 '정직하게 손으로 만든' 치즈를 뜻한다. 장미향 대표가 목장에서 난 우유로 가족을 위한 치즈를 만들기 시작한 것이 오늘날의 하네뜨로 이어졌다. 수입 치즈 대신 품질 좋은 우리 우유로 좋은 치즈를 만들자는 마음으로 2009년 치즈 공방 겸 체험장을 열었고, 2015년엔 음료와 유제품 판매, 체험 프로그램을 보다 체계적으로 진행할 수 있도록 공방을 '하네뜨치즈 카페'로 확장했다. 예전엔 학교와 기관의 소풍이나 현장학습 같은 단체 체험이 많았는데, 요즘엔 개인 관광객들이 많이 늘었다. 연 2,000명 정도의 관광객이 치즈 체험을 위해 하네뜨를 찾는다. 2019년엔 늘어나는 관광객들을 위해 따로 체험장을 지었다. 목장 운영과 치즈 생산, 카페와 체험 프로그램 운영은 모두 장미향

하네뜨치즈

대표와 가족들이 함께한다.

하네뜨치즈에선 치즈 만들기, 피자와 스파게티 만들기, 아이스크림이나 밀크잼 만들기 등 치즈를 활용하는 다양한 체험 프로그램을 운영한다. 가장 대표적인 체험 프로그램은 직접 수제 치즈를 만들어볼 수 있는 '치즈 만들기'와 숙성 치즈를 활용해 피자를 만들고 그 자리에서 바로 먹어볼 수 있는 '치즈피자 만들기'이다. 목장의 소와 염소를 만나보고, 직접 만든 치즈나 피자를 바로 맛볼 수 있는 체험 프로그램은 특히 가족 관광객들에게 인기다. 카페와 체험장은 일주일에 3일, 금요일과 토요일, 일요일에만 운영한다. 아이들이 좋아하는 치즈와 피자 스파게티 등을 만들게 하고 또 가족과 함께 이를 나누면서 가족사랑, 비만 예방 등 뜻밖의 소득을 올릴 수 있다고 입을 모은다.

# 최고를 추구하는 사과농장

**: 사과깡패**

농장 입구, 빨간 사과 조형물이 서 있다. 까만 선글라스, 입꼬리가 한쪽만 올라간 개구진 웃음, 방문객에게 인사를 하는 듯한 손동작까지. 사과깡패 농장의 상징, '사깡이'다.

포천엔 사과농장이 꽤 많다. 일교차가 커 사과의 당도와 품질이 전국 최고라는 평가를 받고 있다. 포천시 영중면에 위치한 사과농장 '사과깡패'는 다양한 체험 프로그램으로 유명하다. 신정현 대표는 가평과 포천 지역에 여러 관광자원이 많지만, 단체 관광객들이 찾을 만한 좋은 체험 프로그램을 제공하는 곳이 많지 않다는 점에 주목했다. 그래서 귀농을 계획할 때부터 체험 프로그램 운영을 목표로 했고, 체험에 용이한 사과 품종을 심고 단체 관광객들을 위한 넓은 체험관을 만들었다. 다양한 체험 프로그램도 준비했다. 과수원에서 사과를 따는 것 외에도, 식초와 와인, 파이, 잼 등을 만드는 프로그램을 마련해서 사과 따기 체험이 어려운 계절에도 방문객들

이 다른 체험을 할 수 있게 했다. 특히 사과파이 체험은 파이를 직접 만들고 먹어본 뒤 농장에 나가 사과도 몇 개씩 따갈 수 있어 인기다.

체계적으로 운영되는 체험 프로그램 덕분에 생긴 지 5년 된 신생 농장이지만, 벌써 1년에 수만 명이 찾는 인기 체험농장으로 자리를 잡았다. 어린이집 견학에서부터 외국인 관광객까지 많은 단체 관광객들이 사과깡패를 찾았고, 작년 9월부터 11월까지 두 달 동안엔 거의 5만 명 가까운 관광객이 다녀가기도 했다. 원래 체험 프로그램은 단체 관광객을 대상으로만 진행했지만, 요즘엔 가족 단위 체험 문의도 많아져서 주말에 따로 진행하는 가족 관람객용 체험 프로그램도 진행할 계획이다.

사과깡패의 목표는 해외 관광객이 많이 찾는, 지역 관광의 중심이 되는 체험 농장이다. "지역의 다른 농가와 상생하는 것이 중요해요. 더 많은 분들이 포천을 찾아와 즐기실 수 있으면 좋겠어요." 관광객 사이를 바쁘게 뛰어다니는 신 대표는 늘 웃는 얼굴이다.

# 다시 가고 싶은
## : 가평 한옥마을

“손님으로 찾아왔다가 친구가 되어 머물고, 사계절 웃음이 넘쳐 행복의 샘을 만든다. 몸보다는 마음이 먼저 달려가는 곳, 한옥마을은 오늘도 열려 있노라.”

– <한옥마을>, 장경수 작가

가평 한옥마을은, 한옥을 만드는 대목장이었던 피부호 대표의 조부가 지금의 위치에 자리를 잡으며 시작됐다. 조부가 한옥을 만들고 정착한 자리에, 피 대표의 아버지가, 그 다음으로 피 대표와 그 자녀들까지 4대가 함께 살게 됐다. 한옥 짓는 일도 조부부터 피 대표의 동생까지 3대째 대를 이어 하고 있다. 한옥 짓는 사람들이 모여서 한옥 집에 산다며, 마을 사람들이 ‘한옥마을’이라고 부르기 시작한 것이 상호가 되었다.

이른 오후, 한옥마을을 찾았다. 작업장 한편에서 피 대표가 누룽지 배송 작업에 한창이다. 반갑게 인사하면서 노란 봉투 하나를 내민다. “이거 드시면서 잠깐만 기다려주세요.” 오색 현미로 만든 갓 누룽지다. 고소한 맛과 향에 몇 조각 오독거리다 보니, 어느새 작업을 끝낸 그가 사무실로 안내한다. 사무실 안에는 다양한 수석과 다기가 가득했다. 대동강변에

서 났다는 빼어난 수석과 사람 둘이 마주 보고 선 무늬를 가진 자연석 등 귀한 수석이 즐비하다. 방 한쪽, 다기가 빼곡히 놓인 나무 탁자에 앉으니 피 대표가 차를 우리기 시작한다.

한옥마을에선 친환경 쌀을 생산하는 1차 산업과, 이를 누룽지로 가공하여 판매하는 2차 산업, 그리고 체험활동 등 3차 산업까지 모두 다룬다.

이곳에서는 체험 프로그램을 통해 문화와 인문학을 농사와 접목하려

노력하고 있다. 다양한 프로그램이 일주일 내내 진행되고, 요일별로 프로그램이 다르다. 월요일엔 'LP로 듣는 음악여행', 화요일엔 '다도', 수요일엔 '악기연주교실', 목요일엔 '시낭송과 문예교실', 금요일엔 '인문학, 인성교육 강좌', 토요일엔 '힐링 컬처 스토리 콘서트', 그리고 일요일엔 '비즈니스, 마케팅, 융합과 네트워크 강좌'가 진행된다. 모든 체험 프로그램은 무료로 운영된다. 다만 농번기에는 강좌가 쉴 때도 있어 사전 예약이 꼭 필요하다. 여러 체험 중에서도 화요일 저녁에 진행되는 다도 프로그램과 목요일의 시낭송 프로그램을 찾는 사람들이 특히 많다고 한다.

그동안 다양한 체험 프로그램을 즐기려는 사람들, 편하게 차와 담소를 나누려는 사람들, 그리고 성공한 6차 산업 농업인의 가르침을 받고자 하는 사람들이 끊임없이 한옥마을을 찾아왔다. "손님이 많이 오셔서, 방명록이 매달 한 권 이상 나옵니다." 방 한편에는 두꺼운 방명록 한 권이 놓여있고, 공책 안에는 한옥마을에 머물다 간 사람들의 아쉬움과 감사의 말이 가득하다. 탁자 옆에는 이곳을 찾았다가 한옥마을에 대한 글을 남기고 갔다는 유명 작사가의 글도 보인다. '몸보다는 마음이 먼저 달려가는 곳, 한옥마을은 오늘도 열려 있노라.' 따뜻한 차 한 잔과, 음악, 시와 문학을 찾는 사람들에게 한옥마을은 오늘도 활짝 열려 있다.

# 장인에게 배우는 볏짚공예

## : 청살림

짚으로 복조리를 만드는 시범을 보인다. 장인의 설명에 따라 체험객이 서툰 손길로 열심히 짚을 위아래로 얽으며 면을 짜기 시작한다. 평평하게 짜여 있던 면이 동그랗게 움푹 들어가 금세 복조리 머리가 만들어진다. "우와!" 그 모습을 보던 체험객이 탄성을 터트린다.

가평군 설악면에 위치한 청살림은 최석봉 장인과 인근 농가가 함께 만든 영농조합이다. 청살림은 볏짚 공예품과 공예 체험 프로그램으로 유명한데, 가마니, 똬리 등 옛날 농촌에서 사용하던 생활용품을 만들기도 하고, 여치 집, 짚 거북이 등 장식품이나 장난감도 만든다. 최 장인은 25년 가까이 짚공예를 해오다, 지난 2011년부터 공예 체험 프로그램을 운영하기 시작했다. 2017년엔 짚풀 공예 전통기술자인 '가평군 장인'으로 선정되기도 했다.

그는 일주일에 4일 정도는 바쁘게 외부 강의를 다니고, 화요일 오후엔 청살림 사무실을 방문하는 관광객들을 위해 개별 체험 프로그램을 진행한다. 청살림의 볏짚 체험은 단체가 아닌 개인 체험도 얼마든지 가능해서 인근에 관광을 왔다가 아이들과 볏짚 공예를 하러 오는 가족 관광객

들이 많다. 미리 예약만 한다면 주말에도 체험이 가능하고, 간단한 체험은 30분에서 1시간 정도 걸린다.

최 장인은 볏짚공예가 단순한 전통이 아니라 자연과 생활환경을 아우르는 정신적·문화적 가치라고 생각한다. 싸리나무로 조리를 만들어 쌀에서 돌을 고르고, 새끼를 꽈 만든 멍석에 고추를 말리던 시절엔 다 쓴 짚용품은 자연히 썩고 발효되어 다시 자연으로 돌아갔다. 생활쓰레기로 몸

살을 앓고 있는 요즘, 자연 재료를 그대로 사용하고 다 쓴 뒤엔 다시 자연으로 돌아가는 볏짚 용품을 만드는 일이 시사점이 많다고 느꼈다. “볏짚 공예가 계속 계승되어야 한다고 생각해요. 하지만 이제는 볏짚 다루는 법을 아는 사람이 별로 없죠.” 최 장인은 볏짚을 다루는 기술이 사라지는 것이 안타깝다고 말한다. 그래서 더 열심히 볏짚을 만지고, 요즘 인테리어에 맞는 소품도 제작하며, 관심을 가지고 찾아온 사람들에게 공예를 가르친다. 볏짚 공예가 모두 즐길 수 있는 친숙한 일이라는 걸 알리고 싶기 때문이다.

돌아오는 길, 내 손에도 복조리가 하나 들렸다. 잘 마른 볏짚 가닥이 손끝에서 기분 좋게 바스락거린다.

# 여름을 즐기는 가장 짜릿한 방법

## : 청평호 수상스포츠

---

모터보트가 시원하게 물살을 가르고, 보트 뒤에 매달린 동그란 원형 보트가 크게 휘어진다. 겨우 손잡이를 잡고 매달려 있던 사람들 위로 물이 잔뜩 튀는데도웃음소리가 멈추질 않는다. 오늘도 청평호수는 여름을 만끽하고 있는 사람들로 가득하다.

---

청평호는 1943년 일제 강점기에 청평댐이 만들어지며 생긴 인공호수로 청평면과 설악면 사이에 위치하고 있다. 호수 전체 면적은 12.5km²인데, 이는 여의도 전체 면적(2.9㎢)의 4.3배에 달하는 넓이다. 넓게 펼쳐진 호수는 화야산과 호명산에 둘러싸여 있어, 사계절 내내 풍경이 수려하기로 유명하다. 덕분에 호명산의 호명호수, 용추계곡 등과 함께 가평 8경으로 손꼽히는 관광지가 됐다.

호수가 가장 북적이는 계절은 역시 여름이다. 여름이면 시원한 수상스포츠를 즐기려는 사람들이 호수를 많이 찾는데, 덕분에 캠프통 아일랜드와 캠프통 포레스트, 신나고, 바이킹 등 장비를 대여해주고 물놀이 시설을 운영하는 업체들이 북한강변에 여럿 성업 중이다.

예전엔 모터보트 뒤에 매달려 물 위를 달리는 수상스키가 주를 이뤘었

는데, 요즘엔 종류가 다양해지면서 즐길 수 있는 수상 스포츠 종류도 훨씬 많이 늘었다. 물 위를 달리는 것을 넘어서 아예 공중으로 보트가 뜨기 때문에 마치 공중을 나는 것 같다는 '플라이피쉬 보트', 매달려 있는 내내 동그란 보트가 물 위를 통통 튀어 달리는 '호떡 보트', 줄을 끄는 모터보트의 방향과 상관없이 사람들이 매달려 있는 보트 윗부분이 계속 빙글빙글 도는 '디스코 팡팡 보트' 등 종류도 다양하다. 아예 모터보트 자체를 타고 즐기는 스포츠도 있다. 요즘엔 호수 표면을 달리다가 배 전체가 살짝 호수 아래로 내려갔다 올라오는 일면 '잠수 보트'도 인기다. 이외에도 워터슬라이드와 장애물 튜브를 연결해 수상 장애물 경기장같이 만들어 둔 '워터파크'도 많이 찾는다.

높은 철탑 위에서 청평호 전체를 조망하며 뛰어내리는 번지점프도 인기 스포츠 중 하나다. 멋진 풍경도 보고 뛰어내릴 때의 짜릿함도 즐기고 싶은 사람들이 많이 도전한다. 내가 청평호를 찾은 날에도 번지점프 대 주변이 사람들로 북적거렸다. 문득, 환호 소리가 들려 올려다보니 점프대 위에 서 있던 청년이 훌쩍 뛰어내리고 있었다. "으악!" 어째 뛰어내린 사람보다 아래에서 지켜보는 사람들의 비명이 더 크다. 번지점프에 성공한 청년이 일행의 환호를 받으며 땅 위로 올라온다. 여름을 제대로 즐기고 있는 청춘들을 보니 내 기분이 다 좋아진다.

푸른 호수와, 호수를 둘러싼 높은 산이 이어지는 청평호. 여기저기서 물놀이하는 사람들의 웃음소리와 비명소리가 들린다. 호수 가득 여름이 들어찼다.

15장

# 맛집

# 화덕에 직접구운 건강한 빵

## : 달과 6펜스

치아바타와 크림깜빠뉴, 단팥빵, 잣이 올라간 달 모양 깜빠뉴. 모두 직접 반죽해서 숙성시킨 뒤 화덕에서 구워낸 것들이다. 숲속 오두막 같이 아늑한 분위기와 직접구운 담백한 빵이 매력적인 곳이 달과 6펜스다.

카페에 도착해 안으로 들어가니 손글씨 가득한 가격표, 소소한 장식들이 보인다. 한쪽에는 잣나무껍질 난로도 서 있다. 마치 숲속 작은 오두막집에 와 있는 듯하다. 카운터 근처에 앉아 있던 주인 내외와 할머니 한 분이 반갑게 반겨준다. "어디서 오셨어요?" 카운터의 여주인이 묻는다. 포천 쪽에서 왔다고 하니 바로, "어머, 그럼 내비 때문에 한참 돌아오셨겠네." 한다. 아무래도 중앙선 때문에 오는 길을 헤맸던 게 나뿐만이 아닌가 보다. 말을 이어가던 여주인은 서울이나 포천 쪽에서 올 때는 그냥 카페 건너편의 앞집 주소를 치고 와야 한다며 슬쩍 팁을 알려주었다.

매대에 막 구워져 나온 빵이 몇 종류 올라와 있다. "뭐가 가장 맛있어요?" 물으니 주인이 씩 웃는다. "그거 참 어려운 질문이네요." 모든 빵이다 맛있다는 말에 어렵게 치아바타와 크림깜빠뉴를 골랐다. 직접 갈아 만든 오디주스도 함께 시켜 자리에 앉았다.

영국의 유명 소설 〈달과 6펜스〉에서 이름을 따왔다는 이 카페는 1994년에 문을 열었다. 카페 옆에는 주인 가족이 대대로 살아온 집이 있는데, 이 집에서 무려 13대째 살고 있다고 한다. 카페와 살림집 사이에는 벽돌로 만든 화덕이 자리하고 있다. 이 화덕에서 고형재 대표가 직접 반죽을 하고 빵을 굽는다. 완성된 반죽을 18시간 동안 숙성한 뒤 매일 필요한 양만 화덕에서 구워낸다. 또한 화학조미료를 사용하지 않고 천연 발효종과 유기농 밀가루 등 최대한 자연적으로 얻을 수 있는 재료만 쓴다. 간혹 빵을 먹으면 속이 더부룩하다는 손님들이 있어, 이들이 더 편하게 빵을 먹을 수 있도록 하기 위함이다. 빵에는 설탕 대신 직접 만든 발효액을 넣는다. 직접 재배한 개복숭아와 돌배, 탱자, 그리고 오디를 활용해 발효액을 만든다. 샌드위치에도 집 뒤 텃밭에서 농사지은 제철 농산물과 인근 농부들의 농산물을 활용한다. 봄이면 밭에서 딴 상추와 루콜라를, 여름이면 토마토를 활용한다. 건강한 재료를 사용한 담백한 맛의 빵은 입소문을 타고 가평을 찾는 여행객들에게 많은 인기를 끌었다.

"손님들이 빵을 식사 대용으로 드셔도 제대로 식사를 한 것 같은 기분

을 느끼게 하고 싶었어요." 고형재 대표는 최대한 파스타면과 비슷한 맛을 내면서도 샌드위치로 먹을 때 너무 딱딱하지 않도록 적당히 부드러운 빵을 만들려고 노력했다. "여러 번 시도해봤죠. 그렇게 해서 나온 빵이 드시고 있는 그 치아바타예요. 우리집 1호 빵이죠." 주인 내외와 한참 이야길 나누고 나니 눈앞에 있는 빵이 더 특별하게 느껴진다. 재료 하나, 하나에 손님을 위한 마음과 오랜 노력의 흔적이 담겨 있기 때문일 것이다.

# 포천의 명물

## : 포천 이동갈비거리와 미미향

---

양념이 잘 밴 갈비 몇 대를 불판 위에 올려 도르르 펼친다. 얇게 저며진 고기가 숯불 위에서 먹음직스럽게 익어가면, 꿀꺽, 나도 모르게 입안에 군침이 돈다. 달달한 양념과 푸짐한 갈빗대, 그리고 시원한 동치미 국물까지. 이동갈비의 원조, 포천 이동갈비거리에 다녀왔다.

---

이동갈비는 갈빗대를 잘게 자르고 칼집을 넣은 갈빗살을 얇게 편 뒤 간장양념에 재워 숯불에 구워 먹는 갈비로, 포천 이동이 원조다. 1960년대 포천 이동에 '이동갈빗집'과 '느타리갈빗집'이 문을 열었고, 1970년대에 하나의 갈빗대를 반으로 갈라 두 대를 만드는 식으로 하여 군인들에게 '1인분, 갈비 10대'씩 팔기 시작한 것을 이동갈비의 시초로 본다. 인근 군인들 사이에 저렴한 가격과 푸짐한 양으로 입소문이 났고, 면회를 온 군인 가족들도 자주 찾았다. 1980년대 서울 동대문시장 산악회가 국망봉 등산 후 다녀가면서 그 맛이 다른 지역에도 알려지기 시작했다. 맛도 독특하고 양도 푸짐한데, 가격은 당시 서울에서 먹는 갈비 가격의 절반 정도였던 이동갈비는 곧 전국적으로 유명해졌다. 얼마 지나지 않아 '포천'하면 바로 '이동갈비'가 떠오를 정도가 되었고, 갈비를 맛보려는 사

람들이 전국에서 찾아오기 시작했다. 덕분에 이동 인근에 갈빗집이 계속 늘어나서, 지금은 이동면 장암리에서 백운계곡까지 갈빗집 수만 200여 개에 달한다고 한다.(세어보지는 않았다)

이동갈비는 포천 이동에서 파는 갈비라는 뜻도 있지만, 잘게 자른 갈비에 살을 덧대 만들던 당시 포천 이동의 갈비 만드는 방식을 말하기도 한다. 1970년대, 포천 이동의 갈빗집을 인수해 운영하던 이용규 씨의 부친 이인규 씨가 동네 이름을 따 '이동갈비'라고 명명한 것을 이름의 유래로 본다. 이동갈비는 갈빗대를 통으로 내지 않고 여럿으로 잘게 잘라내며, '덧살 작업'을 할 때 이쑤시개를 사용하는 것이 특징이다. 덧살 작업이란 갈빗대에 붙은 살의 양이 일정하지 않을 때 살이 적은 갈빗대에 안창살이나 치마살, 부채살 등 다른 부위의 살을 덧붙이는 작업을 말한다. 1960년~1970년대 당시, 군부대에 살코기를 납입한 뒤 남은 갈비를 저렴하게 받아 살을 붙여 팔던 것을 시작으로 본다. 이렇게 손질한 갈비를 달달한 간장양념에 하루 동안 재워뒀다가 참숯에 굽는다. 지금은 더이상 이쑤시개로 덧붙임 작업을 하지 않고 전분을 사용해 붙이기 때문에 고기 덧댄 부분이 잘 보이지 않지만, 여전히 이런 식으로 갈비에 고기를 덧대는 방식을 이동갈비라고 부른다. 이 때문에 한때 이동갈비에 접착제를 쉬는다는 풍문이 있었지만 사실이 아니다. 이동갈비거리에서 산기슭으로 한참 올라가다 보면 이동갈비만 파는 '수중궁갈비'(대표 신동균)가 있는데 이 집의 수용인원은 무려 700명이다.

포천 이동갈비거리 입구엔 또 하나의 포천 맛집이 있다. 60년 전통의 중국음식점, '미미향'이다. 1955년 문을 연 이후 올해까지 64년째 영업

을 계속하고 있다. 원래도 손님이 많던 집이 tvN 〈수요미식회〉에 포천 맛집으로 소개되며 더 유명해져서, 미리 예약을 하지 않으면 평일 낮에도 식사하기가 힘들다. 보통 짜장면이나 짬뽕, 볶음밥 같은 식사류가 많이 나가는 다른 중국집과 달리, 미미향은 탕수육이나 양장피 같은 요리가 많이 나간다. 찹쌀 전분옷을 입혀 튀긴 탕수육은 소스에 완전히 볶아 나오는데, 고기 질도 좋고 바삭한 식감과 쫄깃한 튀김옷 때문에 특히 인기가 많다.

국망봉 등산 후, 백운계곡에서 물놀이한 뒤, 산정호수 둘레길을 걷거나 명성산 억새밭에 다녀온 뒤에 포천 이동갈비 골목에 들러보는 것은 어떨까. 포천의 자연을 누비느라 허기진 배를 60년 전통 '포천의 맛'이 든든히 채워줄 거다.

# 계곡 물놀이와 산림욕, 맛집을 한 번에

## : 깊이울 유원지와 오리타운

캠핑과 낚시, 계곡 물놀이에 산림욕까지 모두 한 번에 즐길 수 있는 곳. 게다가 근처엔 오리고기 맛집도 잔뜩 모여 있다. 계곡과 숲, 맛집을 한 번에 즐길 수 있는 곳. 포천 왕방산 인근의 깊이울 유원지와 오리타운이다.

깊이울 유원지는 포천 왕방산에서 흘러내린 깊이울 계곡 주변으로 형성된 유원지다. 포천시 신북면에 위치해 있으며, 인근 깊이울 마을에서 회사를 세워 마을기업으로 유원지를 운영하고 있다. 왕방산 자락이 마을을 깊이 감싸고 있는 모양새 때문에 동네에 깊이울이라는 이름이 붙었다. 유원지로 향하는 길, 양옆으로 오리 음식점 간판이 줄지어 보인다. '오리아빠', '고향나들이', '박가네', '메아리산장' 등 줄줄이 서 있는 오리집들을 지나면 길 끝에 인공 돌로 만든 유원지 입구가 나타난다. 입구에는 '왕방산 암벽공원'이라고 크게 쓰여 있다. 인공 암벽으로 한쪽 벽을 쭉 둘러놓았는데, 이곳은 주차장 겸 캠핑장으로 활용하고 있다.

계곡 산책을 마치고 유원지 인근 오리 음식점으로 향했다. 깊이울 유원지 인근엔 맛있는 오리 고깃집이 많이 모여 있는 것으로 유명하다. 약

30년 전쯤 지금의 유원지 인근에 생긴 오리구잇집이 그 시작이었는데, 이 집이 유명해지면서 주변에 오리집이 하나 둘 들어서기 시작하더니 오늘날처럼 여러 집이 모이게 됐다. 유원지 인근에 모여 있는 오리구이 음식점들은 이제 깊이울 지역 또 하나의 명물이 되어, 이 지역을 깊이울 오리타운 또는 오리촌이라고 부르기도 한다. 점심시간에 맞춰 찾아간 식당에는 이미 손님이 가득하다.

이 근방 오리 음식점을 통틀어 가장 유명한 요리는 생고기를 그대로 불에 구워 먹는 '오리 로스구이'와 '회전식 숯불구이'다. '메아리산장'이나 '고향나들이'는 평평한 불판에 굽는 '오리 로스구이'가 주메뉴이고, '박가네'는 꼬치로 구워내는 '회전식 숯불구이'가 주메뉴이다. 기름이 많은 오리고기 특성상 통구이나 튀김이 어려워 대부분 불판에 구워 먹는 요리

평상 가는길
전방 20M
깊이울 만남교

가 발달했다. 로스구이와 숯불구이로 먹는 오리는 식감이 쫄깃하고 부드러우며 누린내가 없는 것이 특징이다. 오리구이는 보통 반 마리, 한 마리 단위로 시키는데, 이곳 오리타운 고기는 특히 양이 많기로 유명하다. 가격대는 오리 한 마리 기준 55,000원 내외다.

불판에 고기를 올리니 얼마 지나지 않아 기름이 잔뜩 나온다. 다른 육류에 비해 구울 때 기름이 많이 나오는 것도 오리고기의 특징이다. 오리고기의 기름은 불포화지방의 비율이 높다. 부위별로 차이는 있지만, 불포화지방 함량이 대략 돼지의 두 배, 닭고기의 다섯 배, 소고기의 열 배에 달한다. 덕분에 여러 육류 중에서도 특히 건강에 좋다는 이미지를 가지고 있다. 오리구이를 시키는 경우, 유원지 인근 대부분의 오릿집에서 돌솥밥을 함께 시켜 후식으로 나오는 오리탕과 함께 먹는다.

오리고기에 탕까지 든든히 먹고 나니, 요 며칠 피곤했던 몸에 활력이 돈다. 마음 가볍게 쉬고 에너지도 충전했으니 이런 게 바로 '힐링'이 아닐까.

# 막 만들어서 막 먹는 국수

## : 포천·가평의 막국수

메밀은 양분이 부족한 척박한 땅에서도 잘 자라 추운 지방인 강원도에서 많이 재배된다. 특히 경기도나 강원도에서는 3~4년 계속된 화전으로 척박해진 땅에 메밀 씨를 뿌리고 풍부한 메밀로 국수를 해먹었다. 막국수는 화전민이 끼니를 때우기 위해 '마구' 뽑은 거친 국수였다.

막국수, 막걸리, 막과자처럼 음식 앞에 '막'이라는 글자가 붙으면 만든 지 얼마 되지 않았다는 의미다. 막 만든다고 하지만 그 맛은 결코 가볍지 않다. 막국수 육수에는 동치미 국물이 들어가는데 메밀의 약한 독성을 무즙이 제거해주기 때문이라고 한다.

포천시 관인면 중리에는 '지장산 막국수'가 있다. 1966년에 문을 열어 벌써 50년이 넘었다. 몇 년 전 홍수 조절을 위한 한탄강 댐이 만들면서 지금의 자리로 신축 이전했다. 아쉽게도 건물 외관에서는 옛 향수를 느끼기 힘들다. 하지만 가게 군데군데 이전하기 전 사용하던 식탁을 가져와 뒀다. 특이한 초록빛을 띠는 이 식탁은 단골손님에게 향수를 불러일으킨다. 벽면에 붙어 있는 식당 변천사도 옛 기억을 떠오르게 만든다. 지장산 막국수는 통 메밀을 직접 갈아 만든다. 메밀 함량이 높다 보니 가

위로 자르지 않아도 면이 잘 끊어진다. 면은 무한리필. 새로 지은 가게라 실내가 깔끔하다. 주말이 되면 가게 앞길 양쪽에 차가 길게 늘어설 정도로 많은 사람이 찾는다. 근처에 있는 한탄강 하늘다리에 관광객이 몰리며 식당은 더욱 분주해졌다. 어룡동에는 지장산막국수 사장님의 큰딸이 운영하는 분점도 있다.

포천시 영북면 운천리에는 '운천막국수'가 유명하다. 가게 외관을 보면 최소 20~30년은 됐을 법하다. 문을 열고 들어서니 부엌에 사장님이 면을 삶고 있다. 부엌 한구석에는 세월의 흔적이 보이는 제면기가 눈길을 끈다. 입구가 작아 가게가 크지 않을 거라 생각했지만 안쪽에 꽤 넓은 자리가 있다. 겨울철 햇메밀로 뽑아낸 순도 높은 막국수가 이 집 맛의 비밀이다. 시원한 동치미 국물이 새콤하게 입맛을 돋운다. 담백한 편육과 같이하면 더욱 좋다.

광릉수목원 근처에 위치한 '수한막국수'도 빼놓을 수 없다. 메밀 겉껍질을 벗기지 않고 통 메밀을 직접 갈아 뽑아 거친 맛이 특징이다. 통 메밀의 거친 맛 때문에 껍질을 벗겨내거나 간 메밀과 섞어 면을 만드는 집도 많다. 메밀껍질에는 루틴 성분이 많이 들어 있다. 루틴은 고혈압이나 당뇨 비만에 효능이 있다. 겉메밀이 많이 섞일수록 면의 색이 짙다. 면을 자세히 보면 마치 검은깨가 박힌 듯 국수 가락에 미세한 검은 점이 많다. 면을 입에 가져가면 마치 메밀밭에서 갓 따온 메밀을 먹는 듯한 투박함을 느낄 수 있다.

포천시 신읍동 호병골에 있는 '철원 막국수'는 포천 주민이 자주 찾는 식당이다. 1954년에 문을 열어 60년 넘게 영업을 이어오고 있다. 정원

있는 가정집을 잘 개조한 듯한 2층 가게가 예쁘다. 넓은 정원에는 주변 경치를 보며 막국수를 즐길 수 있는 야외 좌석도 있다. 다른 메뉴 없이 막국수와 수육만 판매한다. 그래서인지 면을 추가하는 손님이 많다. 막국수의 이웃사촌이라 할 수 있는 냉면 잘하는 곳이 포천시 소흘읍 하송우리사거리의 '청수면옥'인데 이 집의 냉면값은 서울 잘하는 냉면집 수준인 1만원이다. 녹두빈대떡 만두도 인기 메뉴다.

막국수는 주로 돼지고기 수육이나 편육과 함께 즐긴다. 메밀이 돼지고기의 지방 분해를 돕고 콜레스테롤을 낮춰줘 궁합이 좋다.

경기도 가평군을 기점으로 막국수의 맛이 변한다. 가평을 기점으로 서울 쪽으로는 점점 더 새콤달콤한 냉면 맛에 가까워지고, 평창 쪽으로 갈수록 맛이 담백해진다.

가평터미널 부근 '송원식당'은 인기 만화 식객에도 소개될 정도로 유명한 맛집이다. 길게 선 줄이 맛을 증명한다. 신선한 메밀가루 향기와 고소한 참기름 맛이 일품이다. 메뉴판에는 특이하게 '제육'이 있는데 제육볶음이 떠오르겠지만 이 집의 제육은 돼지고기를 뜻하는 한자식 표현이다. 부드러운 고기는 막국수와 함께 먹기 그만이다. 물 막국수는 없고 비빔 막국수만 판매한다. 비빔이지만 평양냉면처럼 슴슴한 맛이다.

청평 마이다스 부근의 '금강막국수'도 둘째가라면 서럽다. 가게는 마치 시골 할머니 집처럼 푸근하다. 바삭하게 구운 녹두전과 메밀전은 막국수와 함께 먹기 좋다. 식초, 겨자, 설탕 등 개인의 기호에 맞게 먹을 수 있다. 막국수 맛있게 먹기 위해서는 기호에 맞게 식초와 설탕을 넣고 자신의 맛을 만들어야 한다. 같은 식당 막국수라도 100그릇 다 맛이 다르다.

가평 임초리에는 '신숙희 진골막국수'가 유명하다. 막국수 하면 생각나는 도시, 춘천에서 태어난 사장님이 가게를 운영한다. 편육을 주문하면 보쌈 같은 고기가 야채와 함께 한 접시 가득 나온다. 이 집의 명물이다. 면과 양념장 위에 올린 오이, 무생채가 예쁜 모양새다. 주전자에 담긴 동치미 국물을 취향껏 붓는다. 조금만 부으면 비빔막국수, 가득 부으면 물 막국수를 즐길 수 있다. 설악면에는 솜씨 좋은 네 자매가 운영하는 '네 자매 평강막국수'가 있다. 일반 막국수도 유명하지만 명태회와 어우러진 회 막국수가 이 집의 추천 메뉴다. 새콤달콤한 명태회가 막국수와 아주 잘 어울린다. 메밀 삶은 물인 면수를 홀짝거리며 주문한 막국수를 기다린다. 구수한 면수 맛에서 면 뽑는 실력이 느껴진다. 메밀차는 편두통과 다이어트에도 좋다.

꽃은 흰색, 잎은 초록색, 열매는 검은색, 줄기는 빨간색, 뿌리는 황색. 이렇게 다섯 가지 색깔을 품고 있는 메밀. 다양한 색깔만큼 맛 또한 다양하다. 가평으로 향하는 오늘. 오늘은 어디서 막국수를 즐겨볼까.

# 건강하고 든든한 콩비지와 순두부

## : 만세교 콩비지와 파주골 순두부촌

포천에는 이동갈비와 막걸리만큼 유명한 음식이 또 있다. 바로 순두부다. 특히 만세교 인근 콩비지 집과 영중면 성동리 인근의 순두부촌에는 소문을 듣고 다른 지역 사람들이 일부러 찾아올 만큼 유명한 음식점이 많이 모여 있다.

'만세교 콩비지'는 만세교리 삼거리 인근에 위치한 콩비지 전문점이다. 비지는 콩을 간 뒤 콩물을 빼고 남은 것으로 콩 자체를 갈아 넣는 콩탕과는 구분되지만, 요즘엔 대부분 콩비지와 콩탕을 따로 구분하지 않고 부른다. 콩비지는 그냥 콩 자체에 비하면 단백질 함량이 조금 떨어지지만, 섬유질이 많고 특유의 풍미가 있어 찌개나 탕으로 많이 먹는다. '만세교 콩비지'의 대표 메뉴가 이 콩비지를 따끈하게 끓여내는 '하얀 콩탕'과 '양염 콩탕'이다. '하얀 콩탕'은 따로 붉은 양념을 가미하지 않아 하얀색 그대로 나오고, '양염 콩탕'은 이름 그대로 양념이 되어 있어 붉은 기가 돈다. 둘 다 고소하고 담백하면서도 간도 적당히 잘 되어 있어 점심시간이면 인근 공단 손님이나 다른 지역에서 일부러 찾아온 관광객들, 단체 손님들로 정신없이 북적거린다. 전운석 대표가 운영하고 있는 이 식당은

문을 연 지 이제 12년 정도 되었다.

'만세교 콩비지'를 지나 관음산 쪽으로 더 올라가면 성동리에 있는 '파주골 순두부촌'에 도착한다. 관음산 아래 영평천을 따라 '원조파주골손두부', '할머니순두부', '토박이순두부', '고향손두부' 등 십여 개의 음식점이 모여 있다. 오리고기나 이동갈비, 능이백숙 등을 파는 음식점도 있지만 대부분 순두부를 팔고, 이 지역 이름이 파주골이라 '파주골 순두부촌'

이라고 불린다. 포천·가평 지역에는 유독 궁예와 관련된 지명이 많은데, 파주골이라는 이름도 궁예 일화에서 유래됐다. 왕건에게 패한 궁예가 이곳에 산성을 쌓고 싸웠지만 결국 패하여 도망쳤다. 그래서 '싸움에 지고 도망친 곳'이라는 뜻의 '패주(敗走)골'이라고 부르던 것이 오늘날 파주골이 됐다고 한다.

파주골 순두부촌은 산정호수 주변, 이동 갈비촌, 신북 오리촌 등과 함께 포천의 대표 먹거리촌 중 하나다. 이곳 두부 음식점 대부분은 국산콩을 사용하고, 직접 콩을 갈아 만든 손두부를 사용한다. 순두부 고유의 고소한 맛을 그대로 즐기거나, 함께 나온 나물 반찬에 순두부를 넣어 비빔밥을 만들어 먹는다. 원래는 인근 관음산을 찾은 등산객들이 자주 찾았는데, 건강한 식재료와 담백하고 고소한 맛으로 입소문이 나면서 포천의 인근 관광지를 찾아온 다른 지역 사람들도 자주 찾는 곳이 됐다. '원조파주골손두부'는 40여 년 전통을 자랑한다. TV 맛집 소개 프로그램에도 여러 번 나온 유명한 음식점으로, 식당 안에는 이곳을 찾은 유명 연예인들의 서명이 잔뜩 걸려 있었다. '할머니순두부집'도 지금 자리에서 30년 이상 되었다. 이 집은 국산콩 중에도 포천에서 생산한 콩만 사용하는 것이 특징이다. 식당 벽 한쪽에 유전자 조작 콩을 사용하지 않는다는 영중농협의 보증서가 붙어 있다. 파주골에서 성동4리 쪽으로 다리를 건너가면 나오는 '토박이손두부' 역시 40년 가까운 전통을 자랑하는 순두부집이다. 순두부촌 음식점들은 오랜 세월 한자리에서 손맛을 지켜온 가게가 많아서, 이곳을 일부러 찾아오는 단골손님도 많다.

어느 순두부집에서 25년 전 동아일보 기자 시절 썼던 낡은 '맛자랑' 기사를 발견하고 감회가 새로웠다. 경기도청을 출입하면서 매달 한 차례 맛집 탐방 기사를 썼는데 꼭 가서 먹어보고 비교해봐야 쓸 수 있던 그 기사가 왜 그리 귀찮고 부담스러웠는지…. 맛집 기사가 나가면 그 당시만 해도 "수백 명이 넘게 몰려와 재료가 떨어졌다"는 즐거운 비명도 들었고, 고맙다고 촌지 주겠다고 들러달라는 식당도 꽤 많았는데, 그때는 맛집 차례 돌아오는 게 왜 그렇게 싫었던지…. 특종 욕심에 야들야들한 기사는 기사 같지 않았던 젊은 기자의 치기가 아직도 내게 남아 있는 건지, 기자 시절을 회상하며 피식 웃는다.

# 유명산 버스 종점의 잣 요리 맛집

## : 유명산 종점가든

도로 반대편에 '국립 유명산 자연휴양림' 표지판이 보일 때쯤, 버스가 정류장에 선다. 종점이다. 정류장 이름은 말 그대로 '유명산 종점'. 특이하게도 정류장이 음식점 앞마당에 설치되어 있다. 마당을 사이에 두고, 버스정류장 맞은편에 음식점이 하나 보인다. 잣 요리로 유명한 '유명산 종점가든'이다.

계산대 근처엔 이곳을 다녀간 유명인의 사인이 여러 장 붙어 있다. "얼마 전에도 이영자 씨랑 매니저가 따로 와서 드시고 가셨어요." 직원이 대수롭지 않다는 듯 유명 연예인의 방문에 대해 말해준다. 다른 쪽 벽에는 연예인들이 잣 묵밥과 두부조림을 먹는 장면이 여러 장 크게 인쇄되어 있다.

이 식당은 2006년에 문을 열었다. 삼계탕과 오리로스에서부터 산채비빔밥과 잣 칼국수, 잣 두부조림에 잣 묵밥까지 다양한 요리를 맛볼 수 있다. 전혜숙 대표는 특산물을 활용했다. 칼국수와 묵밥에 가평의 좋은 잣을 아낌없이 갈아 넣은 것이다. 잣 외에도 모든 재료를 국내산만 사용했다. 건강하고 맛있는 음식으로 입소문이 나면서 텔레비전 맛집 프로그램에 소개됐고, 전국적으로 유명해지며 다른 지역에서도 손님이 찾아

왔다. 조미료 없이 좋은 재료를 사용하고, 가평 특산물인 잣을 듬뿍 넣어 만든 건강한 음식이라는 점이 사람들의 관심을 끈 것이다.

식당의 잣 요리는 모두 가평 백잣을 사용한다. 가장 많이 나가는 메뉴는 잣을 진하게 갈아 넣은 잣 칼국수(10,000원)와 잣 묵밥(12,000원)이다. 잣 칼국수와 잣 묵밥의 경우, 일반적인 칼국수나 묵밥과 달리 국물이 우유같이 하얗게 나오는 것이 특징이다. 진한 흰색은 콩국수와도 비슷한데, 백잣을 갈아서 물을 섞어 끓인 덕분에 잣 향이 진하게 난다. 다른 첨가물 없이 가평 잣만을 사용해 국물을 만들어, 잣 고유의 고소한 맛을 그대로 느낄 수 있다. 메뉴판 옆에는 "칼국수 국물보다 면에 잣이 더 많이 들어있습니다."라는, 따로 칼국수 면에 대해 설명하는 독특한 안내문이 붙어 있다. 간혹 진한 국물에 잣이 가장 많이 들어 있다고 생각하는 사람

들이 면을 남기고 국물만 다 마시고 가는데, 면에도 잣이 많이 들었으니 꼭 드시고 가시라는 뜻으로 붙여두었다. 칼국수 면을 가게에서 직접 반죽해 뽑는데, 반죽 과정에서 잣물을 잔뜩 넣기 때문에 오히려 국물보다 면에 잣이 더 많이 들어간다는 것.

김이 모락모락 나는 칼국수와 묵밥은 온통 하얀색이다. 국물은 간을 따로 하지 않아 심심하다. 취향에 맞게 소금 간을 따로 해서 먹는다. 부드럽고 고소한 맛에 국물까지 한 그릇을 싹 비웠는데도 속이 더부룩하지 않고 편하다. 그릇을 싹 비우고 일어서는데, 옆에 있던 사장님이 한마디 하신다. "제대로 먹었네."

# 순하고 맛있는 발효음식 한 상

## : 들풀한정식 가평농원

"우리나라 음식의 정수는 '발효'라고 생각합니다." 들풀은 직접 장을 담고 시간과 정성을 들인 순한 음식으로 상을 차려낸다. 들풀 가평농원에선 오늘도 항아리 가득 담긴 된장과 고추장이 시간과 함께 익어간다.

들풀은 순하고 건강한 한정식 식당으로 유명하다. 1996년 문을 연 이후 찾는 손님이 많아지면서 지점도 늘어, 현재 5개의 지점과 하나의 연구소로 규모가 확대되었다. 이 중 가평에 있는 본점을 '가평농원'이라고 부르는데 식당 풍경이 아름답기로 유명하다. 잘 꾸며진 정원에는 백련 가득한 연못과 작은 정자도 있어 식사 후 풍경을 즐기며 산책을 하는 손님들이 많다. 식당 뒤편으론 직접 담은 장을 익히는 옹기 수십 개가 줄지어 서 있어서, 주말에는 기념사진을 남기려는 손님으로 북적거린다. 또한 들풀은 '경기도 으뜸 맛집'이기도 하다.

들풀의 요리는 발효에 중점을 둔다. '우리 고유의 맛과 멋을 살려내는 것이 건강한 삶을 이루는 기초'라는 신념 하에 된장, 청국장, 김치, 장류, 식초, 장아찌 등 거의 대부분의 발효 음식을 직접 만들어 상에 올리고 있

다. "콩은 설악면 것만 사용해요. 그걸로 직접 장을 담죠." 오준환 대표가 상에 올라온 청국장을 가리키며 말했다. 들풀의 청국장은 볏짚을 사용해서 전통 방식 그대로 숯 황토방에서 띄워 만든다. 이렇게 만들어진 매실청, 생 청국장은 특허 출원도 된 상태로, 식사를 마친 손님들이 그 맛에 반해 따로 청국장만 사가기도 한다. 고추장과 된장 역시 설악 콩으로 직접 만들고 항아리에 담아 식당 옆 마당에서 발효시킨다. 손님상에 나가는 된장은 반드시 3년 이상 숙성된 약된장만 사용한다.

들풀은 발효음식 외에도, 모든 음식을 건강하고 믿을만한 식재료로 만든다. 봄부터 가을까지 손님상에 나가는 거의 모든 식재료를 직접 농사지어 사용한다. 식당 앞 연못에는 직접 심은 백련을 키우는데, 여기서 얻은 연잎을 사용해 청국장을 끓이고 연잎밥을 만든다. 산에서 직접 약초를 따와 음식을 만들기도 한다. 채취해온 약초로 식초를 발효시켜 사용하고, 말려서 손님들을 위한 입가심 차로 낸다. 인공 조미료 대신 직접

따온 야생초로 만든 천연조미료를 사용하는데, 덕분에 맛이 담백하고 정갈하다. 샐러드와 전, 각종 무침에도 산에서 따온 나물과 약초가 들어간다. 이뿐만 아니다. 기름도 직접 짜서 사용한다. 들기름과 참기름 모두 국내산 깨를 꼼꼼하게 골라 구매한 뒤 식당에서 직접 짜낸다.

메뉴는 주로 찌개와 반찬이 같이 나오는 정식인데, 점심시간 가장 많이 나가는 것은 13,000원짜리 초롱정식이다. 14가지 음식이 나오는데 정갈한 밑반찬, 직접 발효한 청국장, 부드럽고 따뜻한 들깨탕, 두부와 도토리묵, 분홍빛 들풀차 등 건강하고 담백한 음식들이 주를 이룬다. 한 상에 음식 양이 꽤 많은 편인데, 다 먹고 나도 입 안이 깔끔하고 속이 부담스럽지 않다.

# 남이섬 들어가기 전 닭갈비 한 판!

## : 남이섬 선착장 닭갈비촌

남이섬 선착장 주변에는 관광객들을 유혹하는 맛집이 즐비하다. 이 집도 맛있어 보이고 저 집도 맛있어 보이는데 어디로 가지? 이제는 식사를 하러 온 사람들이 길 여기저기 멈춰 서서 어떤 음식점으로 들어갈까 심각하게 고민하는 모습이 이 맛집 거리 풍경의 일부가 됐다.

남이섬 선착장 입구에 닭갈비 식당이 많이 생기게 된 이유는 '한류 열풍'과 관련이 있다. 2002년 방송된 인기 드라마 〈겨울 연가〉가 일본에서 방영된 뒤 드라마 출연진과 배경지의 인기가 폭발적으로 높아졌고, 해당 드라마의 주 촬영지 중 하나였던 남이섬을 찾는 관광객들도 기하급수적으로 늘기 시작했다. 일본에 이어 중화권과 동남아권에서도 한국 드라마의 인기가 높아지며 한국을 찾는 외국인 관광객이 더 증가했고, 이들이 남이섬을 찾기 시작하면서 남이섬은 국내 단일 관광지 중 외국인 최다 지역이 됐다. 2016년 기준으로 남이섬을 찾았던 중화권, 동남아권 관광객은 130만 명이 넘는다. 이 많은 관광객이 찾는 남이섬은 행정구역상 강원도 춘천시에 속하지만, 남이섬으로 넘어가는 유일한 선착장이 가평군에 위치하고 있어 남이섬을 찾는 관광객들은 단 한 명도 예외

없이 가평을 거쳐 가야 한다.

춘천의 대표음식 중 하나인 닭갈비가 가평 쪽 선착장 인근에 많이 생긴 이유도 외국인 관광객의 폭발적 증가와 무관하지 않다. 닭 요리는 외국인들의 출신 국가나 종교와 상관없이 대부분 무난히 먹을 수 있는 데다가, 적당히 달달하고 매콤한 볶음 요리라 다들 거부감 없이 맛있게 즐길 수 있었기 때문이다. '남이섬으로 가기 위해 꼭 거쳐야 하는 가평', '수많은 외국인 관광객', 그리고 '외국인이 좋아하는 닭갈비'라는 조건이 맞아떨어지면서, 선착장 앞에는 닭갈비집이 하나 둘 문을 열기 시작했다.

덕분에 오늘날 선착장 근처 음식점들은 대부분은 닭갈비집이 됐다. 간간이 한정식집이나 이천쌀밥집 등이 보이기도 하지만, 선착장 인근 스무개 가까운 음식점들이 다 닭갈비를 팔고 있다. 기본적으로 철판식 닭갈비를 파는데, 몇몇 식당은 철판식과 숯불식 닭갈비를 모두 팔기도 한다. 야채와 떡 등 여러 재료를 닭고기와 함께 버무려 판 위에서 한 번에 볶는 것이 '철판식'이고, 숯불 위에 그릴을 얹고 고기만 구워내는 것이 '숯불식'이다. 요즘엔 녹인 치즈에 숯불 닭갈비를 찍어먹는 '퐁듀(fondue)'도 인기다.

식당을 하나 골라 들어가 주문을 하니, 철판식 닭갈비와 시원한 막국수 하나가 나온다. 2인 세트 기준으로 가격은 30,000원이다. 사장님이 능숙하게 닭갈비를 뒤집어 볶는데, 지글지글 거리는 소리와 함께 맛있는 냄새가 훅 올라온다. 몇 번 더 불판을 뒤적거리던 사장님이 고기를 불판 위에 동그랗게 잘 모아준다. "자, 이제 드시면 됩니다." 말이 떨어지기 무섭게 잘 익은 닭고기 한 점을 집어 입에 넣었다. 매콤하고 쫄깃한 맛에, 나도 모르게 젓가락이 빨라진다. 테이블 위로 한동안 대화가 없었다.

# 맺는 말 /

가평·포천의 매력에 푹 빠져 숨 가쁘게 다니던 여정을 마치고 깊게 심호흡을 해봅니다. 포천의 왕방산에서 가평의 화악산까지 낮고 높은 산을 오르고, 계곡 트레킹·성지순례·박물관·체험농원·맛집 순방을 통해 한반도의 배꼽 가평·포천은 하느님의 큰 선물이라는 생각이 들었습니다. 한 군데도 빠뜨리고 싶지 않았지만 어렸을 때 다니던 강포리 저수지, 백노주 유원지, 가평의 조종천 녹수계곡, 그리고 수많은 명소를 다 수록할 수는 없었습니다. 통일교와 에덴교회가 조성한 수십만 평의 성지와 놀이동산도 돌아볼 여력이 없었습니다. 저의 가평·포천 미래여행은 이제 시작입니다.

가평에는 아픈 역사가 있습니다. 거의 유일하게 동쪽으로 흐르는 조종천을 굽어보는 조종암입니다. 청나라가 쳐들어온 병자호란이 끝나고 당시 가평군수가 조종암이라고 명명했는데 아무리 좋게 생각해도 자존심이 상합니다.

바위에 새겨진 만절필동 재조번방(萬折必東 再造藩邦: 황하가 일만 번 굽이쳐도 동쪽으로 흐르니 명나라가 도와서 우리나라를 되찾았네)은 명에 대한 충성은 변하지 않는다는, 선조가 직접 쓴 굴종의 자백 선언문입니다.

그러나 조종암에서 30분 거리, 가평 운악산 현등사 입구 삼충단에는 1905년 을사조약에 항거한 민영환(자결), 조병세(자결), 최익현 선생(단식순국)이 모셔져 있습니다. 역사를 제대로 꿰뚫어 후손에게 알리자는 선조들의 기개가 자랑스럽습니다. 가평의 역사에는 이렇듯 영욕이 교차돼 있습니다. 가평 포천에는 6.25를 비롯한 이전의 역사적 전투의 참상이 피로 얼룩져 있고 이를 잘 기록한 문건과 현장이 즐비합니다.

이 책에 담지 못했던 이런 역사의 흔적은 후일을 기약합니다.

우리가 스쳐 지나가면서 설핏 보는 가평·포천의 풍광과 역사에는 이렇듯 환희와 눈물이 함께 녹아 있습니다. 치열한 경쟁 속에서 남을 속이고 새치기하고 이를 합리화해도 아무렇지도 않은 세상, 산하는 그런 우리를 처연하게 바라봅니다. 우리는 그런 대자연의 넉넉한 품에 안겨 그냥 하루하루의 일상을 살아갈 뿐입니다. 초라하게, 혹은 죄책감을 가질 필요는 없다고 생각합니다. 우리는 먼저 치열하게 살아왔던 선조들의 자식이고 후세대의 선조이고 우주의 작은 점에 불과하다는 겸손함만 갖추면 그럭저럭 평균점은 받을 것 같습니다.

고향에서의 짧은 여행은 여기서 일단 종지부를 찍습니다.

책을 쓰는 데 많은 충고와 격려를 해주신 이한동 전 총리님, 가평의 김성기 군수님, 양재수 전 군수님, 김금순 전 시의원님, 이광수·지영기 회장님과 포천의 이한칠·이각모·김광준 회장님, 양윤택 문화원장님, 이중효·정종근 전 시의회 의장님, 윤영창·김성남 전 도의원님, 윤순옥·이명희·서과석·이희승 등 전·현직 시의원님께 깊은 감사의 말씀 드립니다. 박보라·정희화 작가와 한국폴리애드의 김용수 교수, 정문식 대표, 서정석·류원선·윤은진 씨, 김길주·한정수 님, 책을 멋지게 편집해주신 리스컴 이진희 대표님, 가평군청·포천시청의 관광과 직원들, 책 쓰는 기간 보고 싶은 마음을 영상통화로 대신해준 내 어머니 이경재 여사, 아내 박현주, 딸 하영·경빈에게 고마움과 사랑을 전합니다.

박종희

## 포천 맛집 100선

| 상호명 | 주소 | 전화번호 | 주메뉴 |
|---|---|---|---|
| 우미락 | 포천 원모루로2길 55 | 031-535-2509 | 보쌈,족발 |
| 오리사냥 | 포천 일동면 운악청계로 1793 | 031-532-3827 | 오리구이 |
| 장원숯불갈비 | 포천 영북면 운천안길 28 | 031-531-5123 | 갈비 |
| 본전게장무한리필 | 포천 호국로 1252 | 031-536-0888 | 게장 |
| 황토백운장 | 포천 일동면 화동로 1026 | 031-532-3094 | 생고기 |
| 장원막국수 | 포천 내촌면 금강로 2029 | 031-534-5855 | 막국수 |
| 고인돌 쌈밥 | 포천 일동면 화동로 841 | 031-533-1566 | 쌈밥 |
| 송우부대찌게 | 포천 소흘읍 솔모루로 86-3 | 031-542-3789 | 부대찌개 |
| 두메산골식당 | 포천 영북면 산정호수로 415 | 031-534-2129 | 버섯전골 |
| 복지순두부 | 포천 내촌면 금강로 2700 | 031-533-3700 | 순두부 |
| CAFETERIA (대식당) | 포천 내촌면 금강로2536번길 27 | 031-540-5097 | 갈비 |
| 상황버섯향촌 | 포천 군내면 포천로 1540 | 536-7788 | 상황버섯 삼계탕, 백숙 |
| 통나무집 | 포천 일동면 화동로 1383 | 031-533-9834 | 버섯전골 |
| 부용원 | 포천 소흘읍 죽엽산로 452 | 031-542-1981 | 한정식 |
| 신수원가든 | 포천 소흘읍 솔모루로58번길 25 | 031-542-7722 | 갈비 |
| 서파촌 원조쌈밥순두부 | 포천 내촌면 금강로3224번길 12-17 | 031-533-5498 | 쌈밥순두부 |
| 경기옥설렁탕 | 포천 호국로 1429 | 031-536-3391 | 설렁탕 |
| 경성이동숯불갈비 | 포천 영북면 영북로 168 | 031-531-0092 | 막국수,갈비 |
| 민들레울 | 포천 소흘읍 죽엽산로 604-31 | 031-543-0981 | 산채정식 |
| 파티오25 | 포천 내촌면 금강로 1993-25 | 031-532-6466 | 파스타 |
| 참나무쟁이 | 포천 내촌면 금강로 2458 | 031-531-7970 | 한정식 |
| 대복 복전문점 | 포천 호국로 964번길 12 | 031-535-0303 | 복매운탕 |
| 어부촌 | 포천 소흘읍 고모루성길 285 | 031-543-5366 | 생선구이 |
| 도쿄 일식 | 포천 소흘읍 솔모루로 15 | 031-541-5577 | 생선회 |
| 사리원 | 포천 창수면 포천로 2518 | 031-531-2000 | 생고기 |
| 산아래쌈밥 | 포천 관인면 창동로 1811 | 031-533-1593 | 쌈밥 |

| 상호명 | 주소 | 전화번호 | 주메뉴 |
|---|---|---|---|
| 닭이봉춘천닭갈비 | 포천 소흘읍 솔모루로92번길 3 | 031-541-5707 | 닭갈비 |
| 산유화 | 포천 소흘읍 광릉수목원로 724-23 | 031-541-7400 | 한정식 |
| 메아리산장 | 포천 신북면 깊이울로 143 | 031-533-0982 | 오리,매운탕 |
| 백송가든 | 포천 영북면 산정호수로 386 | 031-534-5772 | 갈비 |
| 병천황토방순대 | 포천 신북면 포천로 2151 | 031-533-3333 | 순대 |
| 명지원 | 포천 일동면 화동로 1258 | 031-536-9919 | 갈비 |
| 산골무지개 | 포천 일동면 화동로 684 | 031-536-0038 | 손두부, 한방오리 |
| 복 가 | 포천 군내면 청군로 3295 | 031-535-3450 | 쌈밥 |
| 한마음 | 포천시 신북면 아트밸리로 234 | 010-9406-3885 | 부대찌개 |
| 포천뚝배기 | 포천 군내면 청군로 3348 | 031-535-9751 | 해장국 |
| 포안 | 포천 영중면 성장로 18 | 031-531-9531 | 국수 |
| 여울목 | 포천 신북면 호국로2464번길 3 | 031-531-6600 | 추어탕 |
| 등산로가든 | 포천 영북면 산정호수로 722-4 | 031-532-6235 | 순두부전골,<br>야생버섯전골 |
| 연리지 | 포천 군내면 청군로2985번길 18 | 031-534-5182 | 수육, 국수 |
| 제주여행 | 포천 영북면 산정호수로 289 | 031-533-4477 | 갈치조림 |
| 미당 | 포천 영북면 산정호수로 446 | 031-534-2420 | 보리밥,<br>쌈밥, 한정식 |
| 내고향돌솥순대국 | 포천 호국로 1323 | 031-535-3332 | 순대국 |
| 대청마루 | 포천 소흘읍 광릉수목원로 621 | 031-541-2289 | 생선구이 |
| 금마가든 | 포천 가산면 포천로 914 | 031-544-5740 | 해장국, 오리구이 |
| 별난동치미국수 | 포천 내촌면 내촌로 186 | 031-532-7892 | 동치미국수 |
| 독도참치 | 포천 포천로 1592 | 031-535-0244 | 참치, 활어회 |
| 고향풍년 | 포천 소흘읍 죽엽산로 463-1 | 031-541-1550 | 황태정식 |
| 파노라마 | 포천 소흘읍 고모루성길 325 | 031-543-0355 | 스테이크 등 |
| 가는골 | 포천 영북면 산정호수로 171 | 031-533-2737 | 쌈정식 |
| 옹기만두 | 포천 내촌면 금강로 2171 | 031-531-8666 | 만두 |
| 뚱보칡냉면 | 포천 소흘읍 솔모루로92번길 15 | 031-544-0537 | 냉면 |

| 상호명 | 주소 | 전화번호 | 주메뉴 |
|---|---|---|---|
| 산비탈 | 포천 영북면 산정호수로 295 | 031-534-3992 | 순두부 |
| 영순이해물찜 | 포천 가산면 가산로 336 | 031-544-2159 | 해물찜 |
| 몽베르CC클럽하우스 | 포천 영북면 산정호수로 359-12 | 031-531-3841 | 보리굴비정식 |
| 구이가운천점 | 기도 포천시 영북면 운천로9번길 3 | 031-534-6988 | 삼겹살 |
| 무봉리토종순대국(본점) | 포천 소흘읍 호국로 475 | 031-542-4466 | 순대국 |
| 참이맛 | 포천 이동면 화동로 1863 | 031-532-4678 | 감자탕 |
| 신의주순대국 | 포천 호병로1길 2 | 031-534-5586 | 순대국 |
| 카페루아 | 포천시 내촌면 금강로 2568-9 | 031-535-4747 | 수제버거, 돈까스 |
| 나능이 | 포천 호국로 1189 | 031-535-2811 | 닭백숙 |
| 우둠지 | 포천 영북면 산정호수로 450-9 | 031-536-3123 | 갈비 |
| 취락한방능이백숙 | 포천 일동면 화동로 1230 | 031-533-3361 | 한식 |
| 현도네이동숯불갈비 | 포천 영중면 양문로 120 | 031-531-0592 | 갈비 |
| 전주가마솥곰탕 | 포천 이동면 화동로 1916 | 031-533-5799 | 곰탕 |
| 곤지암할매소머리국밥 | 포천 화현면 달인동로 180 | 031-533-3414 | 국밥, 갈비 |
| 이화수전통육개장 포천점 | 포천 군내면 청군로 3393 | 031-535-6969 | 육개장 |
| 뜨라레해물모듬 짬뽕전문점 | 포천 영북면 호국로 3687 | 031-531-8736 | 짬뽕 |
| 대대손손묵집 | 포천 소흘읍 죽엽산로447번길 11-3 | 031-542-6898 | 도토리묵 |
| 솟대 | 포천 영북면 산정호수로 366 | 031-533-5596 | 갈비, 생고기 |
| 물꼬방 | 포천 소흘읍 고모루성길 258 | 031-544-1695 | 한식 |
| 일미닭갈비 | 포천 중앙로119번길 34 | 031-535-6668 | 닭갈비 |
| 옥의야해장국 | 포천 호국로 873 | 031-534-3392 | 해장국 |
| 모정추어탕 | 포천 가산면 가산로318번길 6 | 031-542-2804 | 추어탕 |
| 이가갈비 | 포천 소흘읍 송우로 63, 201호 | 031-541-8200 | 갈비 |
| 구드레감자탕 | 포천 호국로 1403 | 031-534-6629 | 감자탕 |
| 포천한우명가 | 포천 호국로 959 | 031-544-9279 | 한우갈비 |
| 산정루 | 포천 영북면 산정호수로 370 | 031-533-7671 | 자장면, 짬뽕 |
| 완전해물짬뽕 완전손돈까스 | 포천 호국로 1193 | 031-532-1652 | 짬뽕 |

| 상호명 | 주소 | 전화번호 | 주메뉴 |
|---|---|---|---|
| 송우 해물탕 | 포천 소흘읍 태봉로146번길 23 | 031-541-6330 | 해물탕 |
| 청산명가 | 포천 신북면 청신로 1215 | 031-536-1157 | 버섯요리 |
| 현정가든 | 포천 창수면 창동로 403-42 | 031-536-6019 | 토속음식 |
| 최주미메밀국수 | 포천 일동면 운악청계로 1782 | 031-531-9130 | 메밀국수 |
| 포천고려삼계탕 | 포천 내촌면 내촌로 189 | 031-535-7708 | 삼계탕 |
| 자일리막국수 | 포천 영북면 호국로 4174 | 031-531-5630 | 막국수 |
| 이재령오백년곰탕 | 포천 호국로 1110, 가동 | 031-534-7861 | 곰탕 |
| 추오정남원추어탕 | 포천 호국로 931 | 031-541-2988 | 추어탕 |
| 호박꽃 | 포천 군내면 청성로33번길 18-13 | 031-536-8892 | 호박요리 |
| 돈까스클럽(포천점) | 포천 소흘읍 호국로 517 | 031-543-1701 | 돈까스, 스파게티 |
| 코바코 | 포천 영북면 산정호수로 367 | 031-533-9993 | 돈가스, 우동 |
| the포천가든 | 포천 일동면 화동로 1072-1 | 031-534-8859 | 생고기 |
| 박가네오리 | 포천 신북면 깊이울로 88 | 031-532-9567 | 오리구이 |
| 포천풍천장어직판장 | 포천 소흘읍 광릉수목원로 859 | 031-541-1140 | 장어구이 |
| 스테이크 고릴라 | 포천 송선로 508, 1층 | 070-7768-0506 | 스테이크 |
| 우둠지숯불고기 | 포천 영북면 산정호수로 450-8 | 031-534-2429 | 갈비 |
| 우둠지닭오리능이백숙 | 포천 영북면 산정호수로 446, 제8동 | 031-535-1355 | 닭, 오리백숙 |
| 도니스 | 포천 원앙로 60, 1~2층 | 031-536-1270 | 스테이크, 돈까스 |
| 허브아일랜드 아테네홀 | 포천 신북면 청신로 947번길 35 | 031-535-1174 | 허브돈까스, 허브비빔밥 |
| 대박가든 | 포천 송선로 426, 1층 | 031-535-3334 | 갈비 |
| 블루밀 망향비빔국수 포천본점 | 포천 호국로 893, 1층 | 031-534-3392 | 국수 |
| 갈비장터 | 포천 소흘읍 솔모루로58번길 4 | 031-536-3392 | 갈비 |
| 아트밸리 자작나무 | 포천 신북면 아트밸리로 42 | 031-534-9784 | 건강밥상, 육개장 |
| 알라딘&쭈꾸미클럽 | 포천 호국로 1069, 1층 | 031-533-5575 | 돈가스 |
| 한우만 | 포천 호국로 1069, 2층 | 031-533-5353 | 갈비 |
| 금강산동태탕 | 포천 이동면 성장로 775, 1층 | - | 동태탕 |

## 가평 맛집 100선

| 상호명 | 주소 | 전화번호 | 주메뉴 |
|---|---|---|---|
| 75닭갈비 | 가평 상면 수목원로 68 | 031-585-7560 | 숯불닭갈비 |
| 가마솥밥상 | 가평 조종면 청군로 1397 | 031-584-1755 | 뽕잎밥 정식 |
| 가시머리 | 가평 가평읍 북한강변로 1115-14 | 031-582-1930 | 민물매운탕 |
| 가원생고기 | 가평 청평면 강변로 45-23 | 031-585-3236 | 인삼돼지갈비 |
| 가평숯불고기 | 가평 북면 절골길 31 | 031-582-0120 | 소왕갈비 |
| 가평잣갈비 | 가평 북면 절골길 31 | 031-582-0120 | 돼지갈비 |
| 가평축산농협 한우명가 청평점 | 가평 청평면 청평중앙로 61 | 031-584-4200 | 한우 양념불고기 |
| 감나무집 | 가평 가평읍 석봉로3번길 6 | 031-581-0011 | 가평잣 누룽지 삼계탕 |
| 갤러리엔 카페시안 | 가평 설악면 묵안로 13 | 031-585-7234 | 가평 팔색비빔밥 |
| 계곡위의집 | 가평 가평읍 용추로 397 | 031-581-6689 | 엄나무 닭백숙 |
| 고향맛집 | 가평 청평면 여울길 10 | 031-585-6913 | 전복장어탕 |
| 공덕갈비 | 가평 상면 청군로 610 | 031-585-7727 | 돼지왕갈비 |
| 금강막국수 숯불닭갈비 | 가평 상면 수목원로 16 | 031-584-5669 | 숯불닭갈비 |
| 금강산숯불닭갈비 막국수 | 가평 상면 청군로 614 | 031-585-4410 | 더덕닭갈비 |
| 나린띄움 | 가평 상면 수목원로 236 | 031-585-7288 | 산채비빔밥 |
| 노루목젓갈정식 | 가평 가평읍 가화로 625 | 031-582-5609 | 젓갈정식 |
| 다기랑퐁듀닭갈비 | 가평 가평읍 북한강변로 1066 | 031-581-5261 | 철판닭갈비 |
| 다람골 | 가평 가평읍 북한강변로 1078-19 | 031-581-0038 | 숯불닭갈비 |
| 다믈촌 | 가평 설악면 회곡가래골길 4 | 033-584-3364 | 뽕 닭얼큰 볶음탕 |
| 다한우 | 가평 가평읍 굴다리길 28-1 | 031-581-9227 | 한우 생고기 |
| 단기식당 | 가평 청평면 여울길 30-2 | 031-584-2580 | 보신전골 |
| 대나무통와인삼겹 | 가평 가평읍 문화로 232-1 | 031-582-7545 | 와인삼겹살 |
| 대추나무집 | 가평 북면 화악산로11번길 6-12 | 031-582-7064 | 삼계탕 |
| 대통령산장 | 가평 상면 비룡로 1745 | 031-585-2081 | 장닭한방백숙정식 |

| 상호명 | 주소 | 전화번호 | 주메뉴 |
| --- | --- | --- | --- |
| 도담 | 가평 상면 수목원로164번길 7 | 031-585-0999 | 숯불닭갈비 |
| 돌산 | 가평 설악면 한서로 421-11 | 031-584-0924 | 막국수 |
| 둘레길 숯불닭갈비 | 가평 가평읍 가평제방길 33 | 031-582-1987 | 숯불닭갈비 |
| 들풀 | 가평 설악면 한서로124번길 16-12 | 031-585-4322 | 들풀 한정식 |
| 뚝마루 가든 | 가평 가평읍 능모루길 41-59 | 031-581-1150 | 염소전골 |
| 로뎀해장국 | 가평 가평읍 연인길 6-14 | 031-582-2505 | 선지해장국 |
| 마산집 | 가평 가평읍 보납로 116-24 | 031-582-2053 | 민물매운탕 |
| 명지쉼터가든 | 가평 북면 가화로 777 | 031-582-9462 | 잣곰탕 |
| 명품잣손두부 | 가평 상면 수목원로 174 | 031-584-0313 | 잣순두부, 우렁쌈밥 |
| 목동막국수 | 가평 북면 화악산로 22 | 031-582-1955 | 막국수 |
| 무지골산토종닭 | 가평 청평면 경춘로 1557-26 | 031-581-4318 | 숯불닭갈비 |
| 미락무교동낙지 | 가평 가평읍 경춘로 2055 | 031-582-7644 | 철판낙지볶음 |
| 미소원닭갈비 | 가평 상면 수목원로 361 | 031-584-4488 | 철판닭갈비 |
| 밤나무집 | 가평 청평면 청평중앙로26번길 7 | 031-584-8458 | 능이오리백숙 |
| 빗고개식당 | 가평 청평면 경춘로 1529 | 031-582-7631 | 돌솥 밥상 정식 |
| 산골식당 | 가평 설악면 어비산길99번길 75-7 | 031-584-7415 | 솥뚜껑 닭볶음 전골 |
| 산마루가든 | 가평 청평면 상지로 355-13 | 031-585-8989 | 한방오리백숙 |
| 산천애더바베큐 | 가평 상면 수목원로 279 | 031-585-3553 | 숯불닭갈비 |
| 상아 | 가평 가평읍 상지로 1031 | 031-591-2592 | 풍천장어구이 |
| 서호식당 | 가평 설악면 유명로 2342 | 031-584-0446 | 민물장어구이 |
| 설악두부마을 | 가평 설악면 신천중앙로 26 | 031-585-8894 | 꿩만두 두부전골 |
| 소문난닭갈비 | 가평 상면 수목원로 218 | 031-585-9044 | 철판잣닭갈비 |
| 소양강 | 가평 조종면 청군로 1389 | 031-585-5989 | 오리더덕구이 |
| 소희네묵집 | 가평 조종면 운악청계로 387 | 031-585-5321 | 도토리묵밥 |
| 송원막국수 | 가평 가평읍 가화로 76-1 | 031-582-1408 | 막국수 |
| 송원희잣두부보리밥 | 가평 상면 수목원로 72 | 031-585-7560 | 잣두부 보리밥정식 |
| 수라상쌈밥 | 가평 상면 청군로 1112-30 | 031-585-0902 | 수라쌍쌈밥 |

| 상호명 | 주소 | 전화번호 | 주메뉴 |
|---|---|---|---|
| 시골밥상 | 가평 가평읍 경춘로 1793 | 031-582-9809 | 시골쌈밥 |
| 썬일가든 | 가평 조종면 운악청계로 358 | 031-585-0095 | 한우능이생버섯불고기 |
| 안동닭갈비 | 가평 가평읍 석봉로 212 | 031-582-4760 | 철판닭갈비 |
| 어부의집 | 가평 가평읍 호반로 1701-12 | 031-582-0968 | 민물매운탕 |
| 언덕마루가평잣두부집 | 가평 상면 수목원로 248 | 031-584-5368 | 전골정식 |
| 여우사이 | 가평 청평면 상지로 245 | 010-9026-3011 | 무한리필 숯불바베큐 |
| 여흥춘천닭갈비 | 가평 가평읍 가화로 55-18 | 031-582-3751 | 철판닭갈비 |
| 연담정 | 가평 가평읍 연인2길 14 | 031-582-5550 | 연담한정식 |
| 영화삼계탕 | 가평 가평읍 석봉로 206 | 031-582-3929 | 아귀찜 |
| 오성가든 | 가평 상면 수목원로 133 | 031-585-5501 | 치즈 잣 떡갈비 정식 |
| 왕곱창 | 가평 청평면 청평중앙로72번길 23 | 031-584-1610 | 곱창구이 |
| 용추파크식당 | 가평 가평읍 용추로 229-38 | 031-581-3685 | 커피먹인닭 백숙 |
| 우렁각시쌈밥 | 가평 가평읍 석봉로 214 | 031-581-1239 | 우렁쌈밥정식 |
| 우렁쌈밥우정촌 | 가평 가평읍 연인2길 21 | 031-582-9383 | 우렁쌈밥 |
| 원가네숯불갈비 | 가평 조종면 조종희망로26번길 11 | 031-585-0286 | 돼지갈비 |
| 웬장어 | 가평 가평읍 가화로 524 | 031-582-2565 | 민물장어구이 |
| 유명산밸리 | 가평 설악면 유명산길 79-28 | 031-584-3114 | 가평잣 닭백숙 |
| 자시오 잣 쭈꾸미 | 가평 청평면 구청평로 61 | 031-582-9349 | 잣쭈꾸미 |
| 자연다슬기해장국 | 가평 북면 가화로 769 | 031-582-4210 | 다슬기해장국 |
| 장군숯불구이 | 가평 가평읍 보납로18번길 4 | 031-582-7885 | 양념돼지갈비 |
| 조무락닭갈비 | 가평 가평읍 북한강변로 1068 | 031-582-6300 | 숯불닭갈비 |
| 종점가든 | 가평 설악면 유명산길 76 | 031-584-0716 | 잣칼국수 |
| 지암막국수 | 가평 가평읍 보납로 14-1 | 031-581-8838 | 막국수 |
| 청평등갈비 | 가평 청평면 호반로 20 | 031-584-3223 | 잣향기 등갈비 |
| 청평호반닭갈비 | 가평 청평면 강변로 45-7 | 031-585-5921 | 철판닭갈비 |
| 청하가든 | 가평 청평면 청군로 32 | 031-584-0845 | 한방수육 |
| 초원닭갈비 | 가평 가평읍 호반로 2556 | 031-581-3366 | 철판닭갈비 |

| 상호명 | 주소 | 전화번호 | 주메뉴 |
|---|---|---|---|
| 춘천명물닭갈비 | 가평 가평읍 오리나무길 6-2 | 031-582-8468 | 숯불닭갈비 |
| 춘하추동 | 가평 가평읍 가화로 321 | 031-582-7727 | 능이토종닭백숙 |
| 콩두레 | 가평 가평읍 석봉로 198 | 031-581-0988 | 콩두레 한정식 |
| 콩지팥지 | 가평 청평면 청평중앙로 21 | 031-585-5670 | 팥죽 |
| 퇴근길 | 가평 가평읍 오리나무길 16 | 031-582-2376 | 생갈비살 |
| 평강막국수 | 가평 설악면 유명로 1818-13 | 031-585-1898 | 막국수 |
| 평화닭갈비 | 가평 조종면 조종희망로5번길 12 | 031-585-0437 | 간장닭갈비 |
| 풍천장어 | 가평 조종면 운악청계로 397 | 031-584-1616 | 민물장어 |
| 하늘땅별땅 | 가평 청평면 상지로 355-16 | 031-584-3384 | 잣묵사발 |
| 한촌설렁탕 | 가평 설악면 유명로 1600 | 031-584-5988 | 설렁탕 |
| 해낙전 | 가평 청평면 호명리길 1 | 031-584-8765 | 해물낙지전복<br>철판, 해물닭갈비 |
| 해물은 홍가네요 | 가평 가평읍 보납로 15-1 | 031-581-1373 | 해물찜 |
| 화악리닭갈비 | 가평 북면 화악산로 28 | 031-582-5507 | 닭갈비 |
| 황태천국 | 가평 가평읍 보납로 96 | 031-582-1818 | 황태구이정식 |
| 라페스타 | 가평 청평면 청평중앙로 32 | 031-585-2393 | 제노베제 파스타 |
| 산이좋은사람들 | 가평 조종면 와곡길 3-16 | 031-585-8645 | 등심 치즈 돈까스 |
| 쉐누 | 가평 청평면 잠곡로91번길 29 | 031-584-5865 | 라클레트와스테이크 |
| 째즈 | 가평 가평읍 오리나무길 51 | 031-581-7022 | 잣허니 피자 |
| 차이나타운 | 가평 가평읍 가화로 289-4 | 031-582-5501 | 사천탕수육 |
| 한림수산횟집 | 가평 북면 화악산로 162-23 | 031-582-5229 | 향어백숙 |
| 대박가든 | 포천 송선로 426 | 031-535-3334 | 갈비 |
| 블루밀 망향비빔국수<br>포천본점 | 포천 호국로 893 | 031-534-3392 | 국수 |
| 갈비장터 | 포천 소흘읍 솔모루로58번길 4 | 031-536-3392 | 갈비 |
| 아트밸리 자작나무 | 포천 신북면 아트밸리로 42 | 031-534-9784 | 건강밥상, 육개장 |
| 알라딘&쭈꾸미클럽 | 포천 호국로 1069 | 031-533-5575 | 돈가스 |
| 한우만 | 포천 호국로 1069 | 031-533-5353 | 갈비 |
| 금강산동태탕 | 포천 이동면 성장로 775 | - | 동태탕 |

## 가평·포천의 민박·펜션·체험농원 100선

| 이름 | 주소 | 전화번호 | 종류 |
|---|---|---|---|
| 물미연꽃마을 | 가평 설악면 미사리로 645번길 | 031-584-6926 | 체험 |
| 포도향이 흐르는 마을 | 가평 상면 음지말로 6 | 031-585-6262 | 체험 |
| 버섯구지마을 | 가평 조종면 대보간선로 173 | 031-584-9614 | 체험 |
| 초롱이둥지마을 | 가평 설악면 묵안로  906 | 031-584-9959 | 체험 |
| 별바라기마을 | 가평 조종면 명지산로 325 | 031-585-3823 | 체험 |
| 아침고요 푸른마을 | 가평 상면 수목원로 262-22 | 031-585-3633 | 체험 |
| 아홉마지기 마을 | 가평 가평읍 용추로 238 | 031-582-3115 | 체험 |
| 청살림 | 가평 설악면 선촌리 127 | 031-585-3768 | 체험 |
| 가평 반딧불마을 | 가평 설악면 묵안로 182 | 031-585-8556 | 체험/펜션 |
| 양지농원 | 가평 설악면 봉미산안길 74 | 010-9424-7298 | 체험 |
| 참사람들 | 가평 가평읍 상색리 32-4 | 010-6878-1645 | 체험 |
| 사과깡패 | 포천 영중면 금주리 682-7 | 031-544-8998 | 체험 |
| 하네뜨 | 포천 영중면 금화봉길 583-8 | 070-4177-9066 | 체험 |
| 청산명가 | 포천 신북면 청신로 1215 | 031-536-5362 | 체험 |
| 교동장독대마을 | 포천 관인면 교동1길 21 | 031-534-5211 | 체험 |
| 비둘기낭마을 | 포천 영북면 비둘기낭길 25 | 031-536-9668 | 체험 |
| 숯골마을 | 포천 관인면 숯골길 108 | 031-532-7796 | 체험 |
| 지동산촌마을 | 포천 신북면 지동길 12 | 031-535-5399 | 체험/펜션/캠핑 |
| 푸른언덕블루베리 | 포천 창수면 옥수로327번길 126-47 | 010-8594-2915 | 체험 |
| 참살이농원 | 포천 창수면 오가리 320 | 031-535-0250 | 체험 |
| 일경농원 | 포천 가산면 시우동 3길 80<br>신북면 삼성당길19 | 070-8878-4720 | 체험 |
| 애플아일랜드 | 포천 관인면 북원로404번길 72 | 010-8588-8495 | 체험 |
| 물언덕교육농원 | 포천 내촌면 내리 산8-6 | 010-3241-5248 | 체험 |
| 평화농원블루베리 | 포천 창수면 전영로 1225-24 | 010-5309-3445 | 체험 |
| 제일베리체험농장 | 포천 신북면 깊이울로 47-26 | 031-533-2455 | 체험 |

| 이름 | 주소 | 전화번호 | 종류 |
|---|---|---|---|
| 홀스킹덤팜스테이 | 포천내촌면 내리 89 | 031-534-3090 | 체험/숙박 |
| 산정호수레인파크펜션 | 포천이동면 새낭로 619-168 | 010-7440-0782 | 민박/펜션 |
| 꿈동산 가족펜션 | 포천신북면 포천로 2721길 155 | 010-7793-8599 | 민박/펜션 |
| 가족펜션 해뜨락 | 포천신북면 아트밸리로 175-1 | 010-9012-3380 | 민박/펜션 |
| 백운산힐링벨리펜션 | 포천이동면 도평리26<br>(이동면 포화로 320-1) | 031-536-3754 | 민박/펜션 |
| 쥬라기공원펜션 | 포천영북면 우물목길 206 | 010-5012-1733 | 민박/펜션 |
| 산기슭펜션 | 포천영북면 우물목길 172 | 031-531-7880 | 민박/펜션 |
| 화이트하우스펜션 | 포천영중면 성장로166번길 12-55 | 031-531-1117 | 민박/펜션 |
| 풀하우스펜션 | 포천영북면 우물목1길 24-11 | 010-5673-0974 | 민박/펜션 |
| 솔향기펜션 | 포천영북면 우물목1길 27-1 | 031-532-1617 | 민박/펜션 |
| 자연펜션 | 포천영북면 우물목1길 23-10 | 031-533-2339 | 민박/펜션 |
| 아이러브펜션 | 포천 영북면 산정호수로411번길<br>112-22 | 031-532-7710 | 민박/펜션 |
| 산들바람펜션 | 포천영북면 산정호수로 558 | 031-533-7421 | 민박/펜션 |
| 굿모닝펜션 | 포천영북면 우물목길 156 | 031-534-7313 | 민박/펜션 |
| 천상의아침 | 포천영북면 우물목길 164 | 031-532-3969 | 민박/펜션 |
| 샘골펜션 | 포천영북면 우물목1길 24-3 | 031-532-1109 | 민박/펜션 |
| 럭스제이펜션 | 포천영북면 여우고개로 53 | 010-5218-0074 | 민박/펜션 |
| 명성산야생화펜션 | 포천영북면 산정호수로 880 | 031-532-5146 | 민박/펜션 |
| 한탕강마을펜션 | 포천영북면 소회산리 400 | 017-740-5213 | 민박/펜션 |
| 비둘기낭마을펜션&민박 | 포천영북면 비둘기낭길 25 | 031-536-9668 | 민박/펜션 |
| 에르모사펜션 | 포천영북면 산정호수로 450-8 | 010-4276-2420 | 민박/펜션 |
| 산정호수가는길펜션 | 포천영북면 산정리518-7 | 010-3791-0464 | 민박/펜션 |
| 새로운꿈펜션 | 포천영북면 산정호수로 900 | 031-533-3608 | 민박/펜션 |
| 서해성펜션 | 포천영북면 산정호수로 868-34 | 010-5438-4669 | 민박/펜션 |
| 숲속의행복마을펜션 | 포천영북면 산정호수로 954 | 010-2607-6564 | 민박/펜션 |
| 숲속이야기 | 포천일동면 사기막길 142 | 031-533-0171 | 민박/펜션 |

| 이름 | 주소 | 전화번호 | 종류 |
|---|---|---|---|
| 숲속농원민박 | 포천일동면 수입리 474-2 | 031-535-4573 | 민박/펜션 |
| 테라스가아름다운집 | 포천 일동면 운악청계로1480번길 20 | 010-5223-5659 | 민박/펜션 |
| 포천웰빙펜션 | 포천 일동면 산내지1길 33-10 | 031-535-4828 | 민박/펜션 |
| 하늘가람 | 포천 일동면 운악청계로1480번길 16 | 010-8726-5672 | 민박/펜션 |
| 하늘과바람의호수 | 포천 일동면 운악청계로1480번길 43 | 010-9094-4931 | 민박/펜션 |
| 구마 | 포천 일동면 운악청계로1480번길 146 | 031-532-3456 | 민박/펜션 |
| 금노아 | 포천 일동면 운악청계로1480번길 99 | 031-532-1002 | 민박/펜션 |
| 길 | 포천 일동면 영일로 281 | 031-532-3300 | 민박/펜션 |
| 레이크벨리 | 포천 일동면 운악청계로1480번길 167 | 011-9902-3169 | 민박/펜션 |
| 하늘풍경 | 포천 일동면 운악청계로1480번길 90-15 | 031-536-2300 | 민박/펜션 |
| 하루애 | 포천 일동면 화동로 1394번길 137 | 031-532-6320 | 민박/펜션 |
| 하늘ZIP펜션 | 포천 일동면 화동로857번길 5-40 | 031-534-7474 | 민박/펜션 |
| 히든벨리펜션 | 포천 이동면 금강로 6233 | 010-5253-1179 | 민박/펜션 |
| 산청빌리지 | 포천 이동면 포화로 384 | 031-535-8451 | 민박/펜션 |
| 하늘향기 | 포천 일동면 사기막길 213 | 011-338-8595 | 민박/펜션 |
| 호수창이예쁜가 | 포천 일동면 운악청계로1480번길 8 | 010-3463-5253 | 민박/펜션 |
| 햇살마루실우펜션 | 포천 일동면 운악청계로1480번길 125 | 010-2466-4147 | 민박/펜션 |
| 여우재산장 | 포천 이동면 여우고개로242번길 21-32 | 031-531-4471 | 민박/펜션 |
| Gray 29 | 가평 북면 제령리 | 010-5362-2011 | 민박/펜션 |
| 가평다온펜션 | 가평 가평읍 경반안로 357-187 | 031-581-0662 | 민박/펜션 |
| 면역공방펜션 | 가평 가평읍 잎너비길 17-15 | 031-581-6716 | 민박/펜션 |
| 하늘숲펜션 | 가평 북면 멱골로 121도 | 031-581-6387 | 민박/펜션 |
| 개똥이네집 | 가평 가평읍 각담말길 150-52 | 031-582-4456 | 민박/펜션 |
| 그라시아 | 가평 가평읍 북한강변로 326-44 | 010-5531-2054 | 민박/펜션 |
| 그린 해피투데이 | 가평 조종먼 운악청계로491번길 79-20 | 031-585-5074 | 민박/펜션 |
| 검봉산펜션타운 | 가평 가평읍 용추로 746 | 010-6339-7448 | 민박/펜션 |

| 이름 | 주소 | 전화번호 | 종류 |
|---|---|---|---|
| 그린비 | 가평 상면 축령로 142-44 | 010-3320-2657 | 민박/펜션 |
| 나드리펜션 | 가평군 북면 화악산로 729-57 | 031-582-5304 | 민박/펜션 |
| 남이섬 하늘사랑 | 가평 가평읍 북한강변로 1101-11 | 031-581-0031 | 민박/펜션 |
| 남이섬ND209 | 가평 가평읍 북한강변로 1091-10 | 031-582-6701 | 민박/펜션 |
| 노송민박 | 가평 조종면 명지산로 367 | 010-3380-3384 | 민박/펜션 |
| 다온펜션 | 가평 가평읍 경반안로 357-187 | 010-3923-0662 | 민박/펜션 |
| 또올레펜션 | 가평 조종면 운악청계로371번길 98 | 031-584-7317 | 민박/펜션 |
| 라비에펜션 | 가평 조종면 현등사길 66 | 031-584-0704 | 민박/펜션 |
| 명지산 아래촌 민박 | 가평 북면 가화로 2089-18 | 031-582-0506 | 민박/펜션 |
| 목동민박<br>(목동오토캠핑장) | 가평 북면 이곡리 | 031-582-0025 | 민박/펜션 |
| 별빛마루펜션 | 가평 북면 논남기길403번길 61 | 031-581-0107 | 민박/펜션 |
| 별소네 | 가평 설악면 묵안로 607 | 070-4400-3640 | 민박/펜션 |
| 별천지펜션 | 가평 상면 녹수계곡로 75 | 010-5780-9087 | 민박/펜션 |
| 산새소리펜션 | 가평 청평면 오댓골길 25 | 031-584-3450 | 민박/펜션 |
| 샤갈의마을 | 가평 청평면 고재길 251-27 | 010-4230-2590 | 민박/펜션 |
| 생모리츠 | 가평 설악면 유명로 668-7 | 031-585-0854 | 민박/펜션 |
| 샤르망펜션 | 가평 가평읍 경반안로 203 | 031-582-7403 | 민박/펜션 |
| 솔모닝펜션 | 가평 상면 수목원로 193 | 010-5252-6291 | 민박/펜션 |
| 숲속나들이펜션 | 가평 북면 가화로 1462-37 | 010-9192-7828 | 민박/펜션 |
| 시간이멈춘마을 | 가평 청평면 수리재길 322-79 | 010-6250-5532 | 민박/펜션 |
| 엘리시아 | 가평 조종면 현등사길 64 | 010-2823-3681 | 민박/펜션 |
| 연인산테라스 | 가평 가평읍 승안리 271 | 031-581-2552 | 민박/펜션 |
| 오카나간 펜션 | 가평 설악면 유명산길 61-12 | 010-5841-7277 | 민박/펜션 |
| 자라게스트하우스 | 가평 가평읍 호반로 2583 | 031-582-8946 | 민박/펜션 |

| 이름 | 위치 | 연락처 |
|---|---|---|
| 백운계곡 | 포천 이동면 포화로 236-24 | 031-538-3363 |
| 약사동계곡 | 포천 이동면 도평리 | 031-538-4552 |
| 지장산계곡 | 포천 관인면 중리 | 031-538-4652 |
| 도마치계곡 | 경기포천시 이동면 도평리 | 031-538-3363 |
| 선유담계곡 | 포천 이동면 도평리 | 031-538-3363 |
| 담터계곡 | 포천 관인면 삼율리 872-1 | 031-538-3363 |
| 깊이울계곡 | 포천 신북면 심곡리 | 031-538-3363 |
| 무리울계곡 | 포천 일동면 화대리 | 031-538-3363 |
| 명성산 | 포천 영북면 명성산 | 031-538-3342 |
| 운악산 | 포천 화현면 화동로 180 | 031-538-3341 |
| 백운산 | 포천 이동면 포화로 236-73 | 031-538-3341 |
| 국망봉 | 포천 이동면 장암리 74 | 031-538-3341 |
| 수원산 | 포천 군내면 청군로2985번길 18 | 031-538-3341 |
| 왕방산 | 포천 호병골길 193 | 031-538-3341 |
| 청성산 | 포천 군내면 구읍리 | 031-538-3341 |
| 종자산 | 포천 관인면 중리 | 031-538-3341 |
| 고남산 | 포천 관인면 초과리 | 031-538-3341 |
| 지장산(보개산) | 포천 관인면 지장산길 141 | 031-538-3341 |
| 광덕산 | 포천 이동면 | 031-538-3341 |
| 각흘산 | 포천 이동면 도평리 | 031-538-3341 |
| 연인산 | 가평 가평읍 승안리 | 031-580-9900 |
| 명지산 | 가평 북면 | 031-580-2481 |
| 칼봉산 | 가평 가평읍 승안리 | 031-580-2481 |
| 주금산 | 가평 상면 상동리 | 031-580-2481 |

| 이름 | 위치 | 연락처 |
|---|---|---|
| 귀목봉 | 가평 북면 적목리 | 031-580-2481 |
| 대금산 | 가평 가평읍 두말리 | 031-580-2481 |
| 도마치고개 | 가평 북면 적목리 | 031-580-2481 |
| 유명산 | 가평 청평면 호명리 | 031-580-2481 |
| 화악산 | 가평 북면 | 031-580-2481 |
| 석룡산 | 가평 북면 적목리 | 031-580-2481 |
| 화야산 | 가평 청평면 | 031-580-2481 |
| 수덕산 | 가평 북면 | 031-580-2481 |
| 화악산계곡 | 가평 북면 화악리 | 031-580-2114 |
| 녹수계곡 | 가평 상면 항사리 | 031-580-2114 |
| 어비계곡 | 가평 설악면 천안리 | 031-580-2114 |
| 경빈계곡 | 가평 가평읍 경반리 | 031-580-2114 |
| 조무락골 | 경기도 가평군 북면 적목리 | 031-580-2114 |
| 유명계곡 | 가평 설악면 가일리 | 031-580-2114 |
| 귀목계곡 | 가평 북면 제령리 | 031-580-2114 |
| 화야큰골 | 가평 청평면 | 031-580-2114 |
| 익근리계곡 | 경기 가평군 북면 제령리 | 031-580-2114 |
| 조종천계곡 | 가평 상면 덕현리 | 031-580-2114 |
| 명지계곡 | 가평 북면 적목리 | 031-580-2114 |
| 용추계곡 | 가평 승안리 | 031-582-9068 |
| 고동산계곡 | 가평 청평면 삼회리 | 031-580-2114 |
| 호명산 | 경기 가평군 청평면 호명리 | 031-580-2481 |
| 축령산 | 가평 상면 행현리 | 031-580-2481 |
| 나산(보리산) | 가평 설악면 위곡리 | 031-580-2481 |
| 서리산 | 가평 상면 행현리 | 031-580-2481 |

| 이름 | 위치 | 연락처 |
|---|---|---|
| 청우산 | 가평 상면 덕현리 | 031-580-2481 |
| 중미산 | 가평 설악면 | 031-580-2481 |
| 구나무산(노적봉) | 가평 백둔리 | 031-580-2481 |
| 석룡산 | 경기도 가평군 북면 적묵리 | 031-580-2481 |
| 몽덕산 | 가평 북면 화악리 | 031-580-2481 |
| 가덕산 | 경기도 가평군 북면 목동리 | 031-580-2481 |
| 북배산 | 가평 북면 목동리 | 031-580-2481 |
| 계관산 | 경기도 가평군 가평읍 개곡리 | 031-580-2481 |
| 보납산 | 경기도 가평군 가평읍 읍내리 | 031-580-2481 |
| 개이빨산(견치봉) | 가평 북면 적목리 | 031-580-2481 |
| 민둥산 | 경기도 가평군 북면 적목리 | 031-580-2481 |
| 개주산 | 가평 상면 태봉리/율길리 | 031-580-2481 |
| 불기산 | 가평 청평면 상색리 | 031-580-2481 |
| 곡달산 | 가평 설악면 이천리 | 031-580-2481 |
| 통방산 | 가평 설악면 천안리 | 031-580-2481 |
| 고동산 | 가평 청평면 삼회리/서종면 수입리 | 031-580-2481 |
| 중미산 | 가평 설악면 가일리/옥천면 신복리 | 031-580-2481 |
| 소구니산 | 가평 설악면 가일리/옥천면 신복리 | 031-580-2481 |
| 봉미산 | 경기도 가평군 설악면 가일리 | 031-580-2481 |
| 장락산 | 가평 설악면 위곡리 | 031-580-2481 |
| 왕터산 | 가평 설악면 미사리 | 031-580-2481 |
| 귀목봉 | 가평 북면 적목리 | 031-580-2481 |

## 가평·포천의 박물관

| 이름 | 주소 | 전화번호 | 입장료 |
|---|---|---|---|
| 아프리카예술박물관<br>카라반펜션캠핑장 | 포천 소흘읍 광릉수목원로 967 | 010-9314-3600 | 대인 9,500원<br>소인 8,500원 |
| | 운영시간 : 매일 10:00-18:00(17:30 입장마감) / 월요일 휴무 | | |
| 전통술박물관산사원 | 포천 화현면 화동로432번길 25 | 031-531-9300 | 성인 3,000원 |
| | 운영시간 : 매일 08:30-17:30 / 명절 연휴 휴무 | | |
| 한가원 | 포천 영북면 산정호수로322번길 26-9 | 031-533-8121 | 일반 3,000원<br>학생 1,500원 |
| | 운영시간 : 매일 10:00-17:00 / 월요일 휴무 | | |
| 국립수목원<br>산림박물관 | 포천 소흘읍 광릉수목원로 415 | 031-540-2000 | 1,000원 |
| | 운영시간 : 매일 09:00-18:00 / 일요일 휴무 / 1월 1일·설·추석 연휴 | | |
| 코버월드 | 포천 군내면 청성로 72 | 070-4189-8668 | 개인 6,000원 |
| | 운영시간 : 평일 10:00-17:30 / (일요일 명절 휴관) | | |
| 회암사지박물관 | 양주 회암사길 11 | 031-8082-4187 | 어른 2,000원 청<br>소년 1,500원 |
| | 운영시간 : 매일 09:00-18:00 / 월요일 휴무(1월1일, 설날, 추석 휴관) | | |
| 가평현암농경<br>유물박물관 | 가평 북면 석장모루길 13 | 031-581-0612 | |
| | 운영시간 : 매일 09:00-16:30 | | |
| 인터렉티브아트<br>뮤지엄 | 가평 가평읍 호반로 1655 | 070-8899-4251 | 성인 8,000원 청<br>소년 6,000원 |
| | 운영시간 : 매일 10:00-18:30 | | |
| 한국초콜릿연구소<br>뮤지엄 | 가평 청평면 경춘로 157 | 031-585-4691 | 11,000원 |
| | 운영시간 : 매일 10:00-20:00 | | |

박종희가 들려주는

# 가평/포천 힐링여행

초판 1쇄 발행일 2019년 11월 7일

지은이 박종희
발행인 정문식
발행처 ㈜한국폴리애드 | 등록번호 2018-000028
주 소 서울시 영등포구 국회대로 800 여의도파라곤 1126호
전 화 02-754-0097
팩 스 02-754-0863
디자인 리스컴
인 쇄 금강인쇄



ISBN 979-11-963266-1-6 03980

값 15,000원

서점 판매 대행 : 리스컴 (02-540-5192)